阅读成就思想……

Read to Achieve

亲密关系与家庭治疗系列

幸福实验室

爱是难题,爱是答案

《幸福实验室》节目组 ◎ 著

THE WAY TO
HAPPINESS
Love Is A Difficult Question,
Also An Answer

中国人民大学出版社
· 北京 ·

图书在版编目（CIP）数据

幸福实验室：爱是难题，爱是答案 /《幸福实验室》节目组著. -- 北京：中国人民大学出版社，2022.1
ISBN 978-7-300-30045-0

Ⅰ.①幸… Ⅱ.①幸… Ⅲ.①幸福－通俗读物 Ⅳ.①B82-49

中国版本图书馆CIP数据核字(2021)第239330号

幸福实验室：爱是难题，爱是答案
《幸福实验室》节目组　著
Xingfu Shiyanshi: Ai Shi Nanti, Ai Shi Da'an

出版发行	中国人民大学出版社		
社　　址	北京中关村大街31号	邮政编码	100080
电　　话	010-62511242（总编室）		010-62511770（质管部）
	010-82501766（邮购部）		010-62514148（门市部）
	010-62515195（发行公司）		010-62515275（盗版举报）
网　　址	http://www.crup.com.cn		
经　　销	新华书店		
印　　刷	北京联兴盛业印刷股份有限公司		
规　　格	148mm×210mm　32开本	版　次	2022年1月第1版
印　　张	6.5　插页2	印　次	2022年1月第1次印刷
字　　数	100 000	定　价	69.00元

版权所有　　侵权必究　　印装差错　　负责调换

卷首语

什么是真实的幸福

在爱尔兰剧作家萧伯纳的戏剧《人与超人》（*Man and Superman*）中，有一个角色喊道："一生幸福！没有一个活人能忍受它，那将是人间地狱。"这句话乍一听很奇怪——幸福到底是好还是不好呢？难道这位享誉世界的大剧作家对幸福有什么误会吗？

1925年，萧伯纳因作品具有理想主义和人道主义而获诺贝尔文学奖，他是现代杰出的现实主义戏剧作家，是世界著名的擅长幽默与讽刺的语言大师，同时他还是积极的社会活动家和费边社会主义的宣传者。他支持妇女的权利，呼吁选举制度的根本变革，倡导收入平等，主张废除私有财产。这样一位历史上声名远扬的大人物按理说不应该没有缘由地让戏中的角色说出这么一句令人困惑的话来吧⋯⋯

的确，萧伯纳说这句话并不是无的放矢。萧伯纳的一生，是和社会主义运动关系密切的一生。他认真研读过《资本论》，公开声言自己是"一个普通的无产者""一个社会主义者"。他主张艺术应当反映迫切的社会问题，反对"为艺术而艺术"。事实上，他是在用这种方式反对乌托邦式的幸福。他想传递的观念是：一个只有快乐感但没有心流与奋斗的世界是悲惨的。乏味的消费主义、社会工程、娱乐和药物，以及廉价的爱情与性……如果所有可能想象到的愉悦感都唾手可得，也不存在任何失败的可能，那这样的满足感根本就不是幸福！

事实上，我们可以把萧伯纳剧中人台词中的那个"幸福"替换成"快乐"或"享乐"。这样一来，萧伯纳想表达的意思就更明确了——"人需要追求快乐，但只有快乐的人生却是痛苦的"。

为什么会这样呢？这涉及一个千古话题：什么是幸福？

到目前为止，人们关于幸福的思考至少有三个方向：其一，幸福是一种人类的情绪体验；其二，幸福是一种享乐主义的价值观；其三，幸福是人们生活满意度的一个衡量指标。

坚持"幸福是一种人类的情绪体验"的人们认为，不论由什么原因所致，只要人们拥有了那种心花怒放的情绪感受，就是获得了幸福。而崇尚享乐主义价值观的人们认为，幸福必须得让自己快乐。相比之下，持"幸福是人们生活满意度的一个衡量指标"的幸福观的人倒显得相对理性一些，他们不太强调人本身的情绪与意愿，而是强调人对自身的社会生活的参与所获得的心理判断。

这听起来的确都有一定的道理，而且我相信上面的每一个方向都会有大量支持者。毋庸置疑，人类的观念来自人类的历史，更来自人类的生活。任何一种观念的形成都需要经过历史的流变与思辨的进化。观念的建立使得人们有机会对某些事物形成一个相对稳定的思维结构，并由此来进一步探寻这些事物的本质与原理，理解世间万物的现象并发现规律，形成知识与经验，从而得以不断地传承下去。这是人类文明的使命与价值。

在追寻幸福的道路上，人类的历史同样走出了这样一个逻辑：形成关于幸福的观念——揭示种种现象——探寻幸福现象背后的原理——总结成幸福的规律。当然这个逻辑的发展也总是离不开人类认识世界、改造世界的各种手段与工作，包括具体的技术工具，也包括抽象的思维工具。

但事情并不总是像人们想象的那样一帆风顺，在追求幸福的历史长河中，人们也曾进入很多的误区，比如在幸福与金钱的关系、幸福与爱情的关系、幸福与科技的关系等方面。幸运的是，通过心理学这样特别重视实验与科学的学科，我们能够随着时间的推移不断地识别出一些曾经的谬误。

心理学家菲利普·津巴多（Philip Zimbardo）在他的《路西法

效应：好人是如何变成恶魔的》（ *The Lucifer Effect: Understanding How Good People Turn Evil* ）一书开篇就呼吁"不能轻易地将'善与完美'和'邪恶与败坏'划为黑白两道"。他通过举世闻名的"斯坦福监狱实验"证明了人类普遍存在的三个心理事实。

第一，这世界充斥着善与恶，从前如此，现在如此，以后也一定如此。

第二，善与恶的分界可以互相渗透且模糊不清。

第三，天使可以变成恶魔，恶魔也可以变成天使。

其实，幸福与不幸难道不也是遵循着一样的道理吗？

第一，人们都有幸福与不幸福的时候，从前如此，现在如此，以后也一定如此。

第二，幸福与不幸福的分界可以互相渗透且模糊不清（这取决于我们上面提到的幸福背后的个体理解与心理承受程度）。

第三，幸福可以转变成不幸福，不幸福也可以变成幸福。

所以，我们在讨论幸福的时候，实际上也在讨论不幸。这意味着我们不能单纯地谈论幸福，或者说把幸福当成一种很孤立的超然存在来看待。我国语言中有"乐极生悲""苦尽甘来""塞翁失马，焉知非福"之类的成语，这表明，幸福与不幸福在中国人的观念里从来都是可以相互转换，也是互相影响的。不仅如此，中国人还认为缺了一方面，就不可能有另一方面。这个观念在我国的汉字系统中"笔笔"皆是，如"有无""舍得""进退""缓争""阴阳""生死"，等等，这些由相反的字组成的词语表达了一种整体性原理的组合方式。因此，我们在谈论美好与丰盛时总是不排除对人类悲伤或忧郁的同理与关切。而事实上，我们都知道的一个普世的道理是：很多幸福感的诞生正是来自对痛苦或不幸的超越。

在我国的古代汉语里，"幸"混同了两个不同的字。一支是由"夭"和"屰（nì）"两个字形组成的上下结构的会意字"㚔"，读 xìng，原义指"免去灾祸"。"夭"指半途"夭折"，就是过早去世的意思。"屰"有相反的意思。两形合一，表示与"早死"相反，也就是"免去早死的灾祸"。也有人认为，这"夭"指头部弯曲，表示不直，"屰"表示相反。两形相合，表示"反屈为直就是很侥幸的事"。带"幸"字的词语在我国文化里就多与人的命运及遭遇直接相关。

同样，在古代汉语里，"福"是会意兼形声字。从河南殷墟出土的甲骨文来看，甲骨文里的"福"是双手虔诚地捧着酒坛（酉）敬神（示）的形象，是"手""酒""示"三个部分组合成的会意字，整个字的意思是双手捧着一樽酒在祖先的神灵前祭献，求得祖先的神灵保佑。

以酒敬祖，祈求福泽，万事顺遂，是古人对"福"的最初期待。中国人的祖先崇拜和西方人的上帝崇拜完全不同。祖先是真实存在过的，是实实在在的人而不是虚无缥缈的神。祖先是与后代有着最直接的生活时空交集与影响的，不仅是可信的，也是必信的，而上帝只存在于人们的意念与想象中，信不信仅仅取决于一种精神寄托。祖先越久远，越反映了延绵不绝的家族活力，而上帝却从来都不近人间烟火。伊甸园的想象的确不错，但总不如中国人家里祖先的牌位与画像更让人感到踏实。所以，从造字起中国人对"福"的设计就体现了强烈的现实伦理与族群意识。

当我们把"幸"与"福"两个字合在一起成为"幸福"一词的时候，就注定了中国人的幸福观念中携带着浓厚的历史和文化基因与生活信息。它一方面凝结了人们世俗生活中那种"下里巴式"的小得意，另一方面也包含了人们吞吐天地山河、心怀天下的"浩然之气"。这使得中国人的幸福在现实伦理的烟火气息中总是带着那么一种超然的宇宙精神与天下情怀。

其实，无论是作为人类情绪体验的幸福，还是追求快乐的幸福，或是生活满意度评价指标的幸福，都是人们的一种综合心理体验，涉及幸福感本身与带来幸福感的载体以及对情境的认知判断。所以幸福是情感，也是判断。幸福的体验、幸福的载体与幸福的情境对人的幸福同样重要。获得幸福与追求幸福也没有谁先谁后、谁比谁更有意义的说法。

>>> VIII
幸福实验室：爱是难题，爱是答案

  幸福是一种生命意义的感召，它虽然看不见、摸不着，但是它的价值与意义属性决定了其可以附着在那些我们看得见、摸得着的事物上，从而为它们带来意义。幸福的载体是一种生命现实的体验，它虽然具象，虽然可辨识，但是它需要一种意义与价值的考量；否则，这些幸福的载体就无法具有幸福的灵魂，也就不再能够承载幸福。幸福与幸福的载体之间的平衡一定是一种我们在特定的认知空间中达成共鸣的状态。也就是说，细小的幸福可以让我们心潮澎湃，伟大的成就也一样可以令我们激情四射。但无论是细小的幸福还是伟大的成就，都需要一个互相适应的烈度与幅度。

  空想而缺乏内容的幸福是苍白的；世故而缺乏意义的幸福是无趣的。我们需要建立的关于幸福的观念其实是一个动态的、不断提升协调性的考量，那将一步步引导我们通过坚实的、一步一个脚印的渐进，而达到超然的顿悟。

  所以，就从现在开始，从这本书、这些实验开始，享受我们的幸福智慧吧！

彭凯平

清华大学社会科学学院院长

中国国际积极心理学大会执行主席

前言

做个实验，能找到幸福吗

在做《幸福实验室》项目的两年多时间里，被问最多的一个问题就是："为什么要做这样一个内容？"

要回答不难，但也并不容易。

比如："作为心理学真人实验类的节目，这是国内的首创。"

还有什么比打开一个新的创作天地更令人兴奋的呢？创新本身，就足以让我们全力以赴并且乐此不疲。

再比如："你不想要幸福吗？你知道怎么才能幸福吗？"

光这两点就太足够了，谁能经得住这样有趣的题目的诱惑。

但仅仅这样反问一下，会带来更大的疑问："数集视频，就打算回答这么终极的命题吗？"

当然不是。这只是一档心理学节目，并没有野心去触碰那些几千年来都没有人能回答的大问题。

所以，我每次只会反问："你对了解自己感兴趣吗？"

在世界范围内，心理学早已是一门成熟的学科，谱系庞大，从学者众。在我国，心理学还走在快速发展的路上，应用领域却相当热闹以致鱼龙混杂。

几十年来，物质生活的急速提升，让我们终于有时间可以关注自己的内心了；也是同样的原因，对精神世界的需要，让我们必须花时间去关注自己的内心了。

然而，心理学是什么，它对我们到底有什么帮助？

就像所有被追捧的热门事物一样，它也需要我们认真探究，小心辨别。

我和制作团队都从事纪录片创作多年。这一次，我们想以纪录片工作者应有的谨慎态度，从心理学的角度，去探讨我们身边正被热议的话题。

我问那些有兴趣了解《幸福实验室》的朋友：

XII

幸福实验室：爱是难题，爱是答案

> 你看过手相吗？测过八字吗？
>
> 在认识新朋友的饭局上，你聊过星座和血型吗？
>
> 手机上跳出一个"你是哪种性格"的小游戏，你没事会去点击吗？
>
> 微信群里转发的关于命运、事业、家庭的测试问答，会忍不住去答一下吗？

这是大家几乎都有过的经历。其中有出自本能的好奇，有对如何度过一生的疑惑，有求知求解的潜在愿望。

心理学，或许能用科学的体系，为我们解释：大千世界，偶然的我，是谁？

这些年和财富一起积累起来的，是越来越多的焦虑。

有些焦虑来自自身，有些来自外界；有些是真实存在的，有些是虚渺无妄的。但它们都无法被忽视。

心理学，或许能用科学的方法，为我们解压：时代万变，我如何寻找到自己？

新冠肺炎疫情的爆发，加重了很多人对生命的不确定感。与外部世界的疏远隔离让人沮丧，而与家人朋友更多的相聚，又带来新的慰藉体验。

今天的和以后的幸福，会是什么样的？

心理学，或许能用科学的理论，为我们引导方向：莫测未来，我往哪里去？

专家告诉我们："心理学和物理、化学一样，是一门科学，它采用实验的方式研究人。"

我们想尝试的，就是用视频的形式，重现心理学的经典实验——经典的意思，就是经过了时间的沉淀；而实验的意思，就是可以反复做。

专家还告诉我们："实验只给出思考的方式，不给出唯一的结论，答案需要每个人自己去寻找——换言之：幸福是门科学，人人都能掌握。"

所以，这是一次以科学实验为原点开始的、真正意义的原创。

入坑后发现，令我们激动不已的原创中，潜伏着一个巨大的难题：心理学天然的内化属性，和需要形象清晰外化的视频形态，是天生的一对矛盾。

把心理活动表现到观众可以看见、看懂，这对于强故事情节、强戏剧化表演以及专业演员来说，都是极大的挑战。而我们，试图用"素人实验对象＋科学实验流程＋真实反应记录"来完成。

它不是表演，没有台词本，也不是个简单的游戏。

对，《幸福实验室》要来真的。

为此，要特别感谢张晓敏、王心、孙泗淇三位主创和他们带领的执行团队。凭着纪录片人的真诚、执着和专业度，凭着对视觉语言的敏感和想象力，创造性地完成了从文本到影像的转化，将"36个秘密问题""吊桥实验""失恋实验""号码牌实验""夫妻庭箱实验"带到了观众面前。在纪实感和娱乐性之间，实验和话题之间，现场和外场之间，他们创造了一个拥有自主知识产权的全新的节目样态。

感谢所有参加节目录制的"实验对象"。他们都是普普通通的素人，自发报名前来。他们真挚、坦诚、勇敢，在镜头前呈现出自然生动的面貌。带着当代青年特有的自信和真实，不惧怕表达情绪，不惧怕袒露内心，不惧怕提出观点。当实验设定与本真的临场反应相互碰撞，科学严谨的实验因他们的真情流露，铺展成为强悬念的故事情境，众生哀乐在幸福实验室中浓缩成一则则"科学爱情寓言"。

感谢中国积极心理学发起人、清华大学社会科学学院院长彭凯平教授，他带领我们入门并亲自担任主讲，为节目提供了最坚实的学术支持，正是清华大学与雅迪传媒达成的战略合作，最终促成了《幸福实验室》的诞生。

感谢来自北京师范大学、北京大学、中国科学院、浙江大学的方晓义、韩卓、徐洁、苏彦捷、施建农、张琦、周欣悦等心理学研究者，为我们提供了专业的学术指导。

感谢参加节目录制的嘉宾：陈默默女士、彭凯平先生、陈海贤先生、王勇先生。他们用各自的专业素养和对社会、对人性的深刻洞察，以理性和感性并在的态度，为我们解读每个实验背后蕴含的意义，令人获得治愈般的感受。

感谢联合出品方优酷和华熙生物，让《幸福实验室》这样一次社会实验和影像实验，有了开花结果的机会；让雅迪传媒在努力创造优质内容的道路上，始终有志同道合的伙伴。

XVI
幸福实验室：爱是难题，爱是答案

感谢澜沧古茶和中国建设银行，让《幸福实验室》的价值获得市场的认可，以"幸福"之名，让节目的理念和品牌的理念携手并取得共赢。

感谢所有为这个项目提供支持和帮助的人。

做这个节目时，我去查了"幸福"的词源。古文中，"幸"和"福"二字连用，是"祈望得福"的意思，最早见于《新唐书》。

"幸福"一词，似乎自带一种盼望和追求，像是一个永无止境的过程，而向着幸福行进，本身就充满了无穷寓意，无限想象。

第一季，只是开始。让我们继续，一起做实验，一起找幸福。

周艳

雅迪传媒首席内容官

目录

chapter 1　当爱情明码标价，结果会怎样　/ 001

如果你希望自己的婚姻和爱情长久、稳定、幸福，一定要追求和对方相似，不要相信郎才女貌，或与对方互补，要互补的是团队，不是夫妻。

chapter 2　好好分手　/ 037

好的分手是这段关系活在你的心里，关系里美好的部分变成了记忆，不好的部分变成了经验。不好的分手是你还活在这段关系里，关系里美好的部分变成了你不肯放手的执念，不好的部分变成了你不敢重新开始的创伤。

chapter 3　真心话，不冒险：如何拯救话题终结者　/ 071

有一些陌生人，和我们并没有那么熟，如果我们先来分享我们的秘密，那么当我们分享得越深入、越触及我们底层情感的时候，我们的关系会不会有一些变化呢？

chapter 4 一见钟情是种"爱情错觉",制造心动不如先制造心跳 / 105

如果你希望心仪的对象对自己产生强烈的爱的感受,可以带 Ta 去看一场恐怖电影,或者是去一些可怕的、让 Ta 能够心潮澎湃、热血沸腾的地方,这样 Ta 产生的感觉就会很强烈。

chapter 5 你真的知道另一半在想什么吗 / 135

挑剔和指责是拆散夫妻的罪魁祸首;相反,欣赏和体贴则会形成良性循环。伴侣越是欣赏和体贴我们,我们越是愿意为其改正自己的缺点。

结　语　/ 181
后　记　/ 183

>>> chapter 1

当爱情明码标价，
结果会怎样

本章看点

- 婚姻制度的变迁。
- 找对象时,理性是如何受到感性影响的?如何给异性留下好的第一印象?
- 为什么谈钱会伤感情?
- 为什么备胎有可能是一个追求异性的好策略?人会在什么情况下产生偏爱?
- 为什么激情容易消退?人体激素又如何从生理上对抗这样的天性?
- 为什么相比现代女性,古代女性更不担心婚姻破裂?
- 为什么门当户对在两性婚配中仍然是一个普遍现象?

引言

当问到打算找一个什么样的人结婚时,有人说要找帅的,有人说要找潜力股,还有人说颜值比较重要,因为"有趣的灵魂见得太多了,好看的皮囊是真的少"。

所以结婚的话,颜值重要还是钱重要?谁才是最适合结婚的那个人呢?

好看的皮囊是真的少

号码牌实验是怎么回事

实验设计思路

通过节目公众号,我们招募了20名单身女性和20名单身男性来参与这次实验,我们给40名实验参与者按顺序编号,在实验开始之前,工作人员将印有编号的帽子打乱顺序,给这40名男女随机佩戴。20名男士和20名女士背靠背站立,他们并不知道自己的编号是多少,其中,男士双数编号,女士单数编号。实验规则很简单,40名男女要在15分钟内说服一名异性与自己配对,大家可以说任何话,但不能将对方头上的数字告诉对方。配对成功的两个人可获得一笔奖金,金额是两个人帽子上的数字相加后再乘以10,举个例子,如果40号男士与39号女士配对成功,那么他们将得到790元的现金奖励。

那么,在这种"完全被物化了""真的不知道自己'几斤几两'"的情况下,实验参与者都会有哪些表现呢?

> **提醒**
> 本片中所有实验参与者都是在知情且同意的情况下参与拍摄的,真实心理学实验通常有严格的保密程序。

第 1 章 当爱情明码标价，结果会怎样

实验规则

在实验开始之前

实验规则

但不能将对方头上的数字告诉对方

观察室讨论：婚姻制度的变迁

这个实验看起来似乎没有什么悬念，大家肯定都会去找那个帽子上数字更高的人，这样获得的奖金能够更高。那这个实验跟找对象有什么关联呢？

实际上，我们可以把参与者帽子上的数字看作一种财富，或者说收入，关注数字在某种程度上就是在关心对方的经济实力。那么如果这个人具备了你所希望的经济实力，能够满足你的所有的物质需求，但是你对他一点感觉都没有，你会嫁给这个人吗？

在彭凯平教授看来，"爱情必不可缺"是一个新近的观念。很久以来，人类的婚姻并不是建立在爱情基础之上的，而是建立在经济的考量、声誉的考量、血统和血缘的考量之上的。很多欧洲的皇室，根本没有爱情，就是按血缘来婚配的。爱情是人类在文艺复兴之后，特别是在工业化革命之后产生的一个新的观念。我们中国人以前的婚姻讲究的也是门当户对，是不考虑爱情的，但现在，我们把爱情当作婚姻的基础，也因此给婚姻引进了很多复杂的变量，因为爱是很复杂的。

就像在这个实验里，也许最后有两个人走到一起并不是因为帽子上的数字一样。在某种程度上，在个体身上，两性关系就是一种博弈，不仅要考虑经济实力，可能也要考虑感情的因素。所以我们今天会从这个实验当中，看到大家在两性关系中的这种博弈。

王勇教授表示，在经济学中，博弈最基本的含义是互动关系，又可以分为良性的互动和恶性的互动。和谐的婚姻也是一种博弈，但它是一种良性的互动。一段失败的婚姻可能就是一种恶性的互动，我们要探讨的就是如何在婚姻和爱情中建立双方之间的这种良性的互动。

实验过程：不同号码的人之间是如何博弈的

实验开始，现场瞬间成了一个大型相亲会所，大家的第一反应都是找分数高的，但究竟谁能成功跟"男神""女神"匹配呢？

在揭晓谜底之前，我们来看看几组人的表现。

会上演"豪门联姻"吗

"豪门联姻"的过程

全场最高分的 39 号女生,一开始就门庭若市,不仅号码大,颜值还很高,很多人主动搭讪,甚至开始抢她。她虽然看不见自己的数字,但是马上就意识到了:"自己数字应该是在 35 以上。"

面对眼前执着推销自己的 2、4、22 号,她毫不犹豫地说:"我都不会选。"

40 号男生一开始在原地停了 15 秒，发现完全没有人过来，当时他就慌了，以为自己数字很小。

但是当他主动上前去打招呼时，发现 35 和 31 号女生都在一堆数字还不错的人中选择了他。

"根据大家的反应，我知道我的数字够大，就有足够的底气了，所以我也想去争取一下 39 号。"

于是，他放弃了数字非常高的 35 号，去冒险接近 39 号，以为自己争取更大的利益。

被试14号 | 你看他三心二意

　　结果40号一接近39号，就被群体围攻排斥，其他男生开始对他进行人格贬低：

　　"你看他三心二意，刚刚撩了别的女生又跑了。"
　　"他这么花言巧语，这种人可信吗？"
　　"光有钱有用吗？他不靠谱。"
　　……

　　在一片反对声中，40号高傲地站出来说了一句："但是我号大。"

39号女生始终没说话。他眼看着快被挤走了,便跟女生说:"我只需要3秒,你告诉我,行或者不行。"女生懵了,感觉这个人很高傲,摇头拒绝了。40号再次悲哀地被挤开了。就这样,豪门联姻失败。

讨论

| 问题:找对象时,理性是如何受到感性影响的?

这一路看下来有两个热门,一个是39号女神,一个是40号男神,特别是39号,门庭若市,可是40号却三秒出局了,这是为什么呢?

对此，彭凯平教授解释道，39号女生估计对40号男生的第一印象很不好，实际上人类很多时候在20秒之内基本上就会判断自己会不会喜欢这个人，当然我们之后可以修正这个印象。但是在这么多追求者存在的情况下，人往往会很快做出判断。

他自己后来也说，39号女生"可能认为我是个渣男"。

当然这可能还因为40号男生的号码比较大。当一个人条件比较好，选择面比较多的时候，他往往不容易执着。王勇教授表示，39号女生没和40号男生走到一起，她接下来做的选择，可能号码也不会很高。

| 问题：如何给异性留下好的第一印象？

从心理学的角度来讲，人类的第一印象肯定是外貌，这是不可避免的。所以很多男生对第一次约会的满意程度，完全是由对方的外貌决定的，但是这种印象并不是不可改变的。有个很有趣的现象现在叫作"圣母的光辉"，即女性在帮助别人的时候所展现出来的女性的魅力，会打动优秀的男性，使他的大脑产生一种叫作催产素的神经递质，从而产生一种"柔情蜜意"。一位美国心理学家也提出，在参与公益事业的时候，在帮助那些弱小群体的时候，女性的魅力是不可阻挡的。

中间段位的人怎么办

中间段位的操作

22号男生从一开始就站在39号身边,不离不弃,他的策略是:甘当备胎。在与众多男生一起"抢女神"的过程中,他慢慢找到了规律,知道自己的数字大概在20上下,比上不足,比下有余,于是他跟39号说:

没关系,我会一直在你旁边,如果你最后觉得其他人不合适,那就跟我在一块儿,绝对不亏。

18号男生的策略则是"再等等",并不想太主动抢什么,只是原地观望。后来他成了"中国好闺蜜",跟来打招呼的女生们聊聊鸡汤,安慰被拒绝的女孩们,嘴上还是说"再等等"。

在这个过程中,20号男生一直"岿然不动",直到有一位女士来搭讪,是19号女生。结果20号男生开口就问:"跟你配对的话,奖金你要跟我怎么分?"听到这话,3号女生突然杀了进来说道:"二八分可以吗,你八我二。"19号女生优雅地说:"你们聊,我走了。"然后退出了竞争。

● 被试18号 | 人家那数也挺好的

讨论

> 问题：为什么备胎有可能是一个追求异性的好策略？人会在什么情况下产生偏爱？

在彭凯平教授看来，在追求异性这个问题上，做备胎是一个特别好的策略。因为这个过程中不光是有熟悉、了解、便利，还有一个原因，就是我们人类对于熟悉的事物是有一种偏爱的，心理学中的"简单曝光效应"讲的就是这种现象。它是由美国密歇根大学著名心理学家罗伯特·扎荣茨（Robert Zajonc）教授发现的。20世纪60年代，扎荣茨做了这样一个实验。他把一些学生招募到心理学的实验室中，让他们从很多汉字中挑出自己喜欢的。注意，这些美国学生根本不认识这些汉字。结果他意外地发现，这些孩子偏爱刚才呈现过的汉字。尽管他们不认识，仅仅是因为刚才曝光过、看见过，他们就产生了偏爱。我们中国人经常说日久生情，也是这个道理。对于我们见到过的东西，我们是偏爱的；对于我们熟悉的事物，我们是喜欢的。

比如，18号男生全场"飞"，给很多女生讲心灵鸡汤，当闺蜜，采用的就是跟22号相同的策略，只不过他是不同类型的备胎。在这个过程中，他增加了自己的曝光率，其实就是刷了"存在感"。

彭凯平 ｜哪些汉字你喜欢

彭凯平教授开玩笑说："实际上，备胎策略中的备胎应该叫陪胎，是陪伴的那个'胎'，而不是闲在那儿，以后再用的那个'胎'。"

| 问题：为什么谈钱会伤感情？

我们注意到，当19号女生去跟20号男生聊天的时候，20号男生一开口就谈钱。但其实在这个阶段，大家还是比较看重情感的，所以我们就会觉得这个男生太理性了，这其实是很多人在恋爱中很反感的事情，因为谈钱就伤感情。

心理学家艾伦·菲斯克（Alan Fiske）教授发现，我们在情感关系中强调的是分享和支持，在市场关系中强调的是价值、价钱，如果把情感维度的行为变成市场行为，就会脱离我们日常生活中人类关系的性质。对此，王勇教授表示，金钱确实需要考虑，但不是现在，一上来就这么物质化是行不通的。

条件最差的人，会有什么表现

条件差有条件差的办法

作为全场最低分，2号男生一开始就非常主动，他找到了39号女神，并且以颜值作为诱惑：“你不用看我数字，你看脸就行。”结果对方一脸嫌弃。接着他找到了5号女生，5号女生竟然也转身离开。他这时候彻底懂了，估计就是全场最低之一了。

他甚至对 23 号开始了土味表白："你刚刚一开始看了我一眼，你忘了吗？一见钟情的时候。"23 号立马说："我对土味情话不感冒。"

不出所料，条件最差的人，最不受待见。事后采访时，2 号男生说："本来胜算就不大了，不如挑战一下自己，所以我挺主动的。"那么这么主动的他，最终会跟谁配对成功呢？

结果大大出乎我们的预料，他从头到尾都非常热情主动，最终守在了 19 号女生身边，告诉她："你看，所有人都在讨论数字，而只有我是喜欢你这个人。"最后，他成功与 19 号女生结对，成了分差最大的赢家。

讨论

问题:为何"鲜花会插在牛粪上"?

经济学中有个理论叫作信息不对称理论,是指在市场经济活动中,各类人员对相关信息的了解是有差异的;掌握信息比较充分的人员往往更有优势。

而放到相亲市场上,越是条件差的人,越容易掩盖自己的弱势,发展自己的优势,例如表现得更加积极和主动、更加热情和亲切等。

最终,因为掌握的信息不全面,优秀的人会被条件差的人的"虚假优势"所打动,导致选择偏差。

会有人横刀夺爱吗

横刀夺爱的人

在实验进行过半,场上人已所剩不多时,号较大的 33 号女生却还在单着。这时她突然来了灵感:要不去配好对的区域试一下?

没有想到，她竟然真的成功了：从 27 号妹子手中成功地"撬"走了 36 号男生。

36 号男生事后回忆说："尽管我跟 27 号女生一开始说好，如果有更好的，我们都可以换人，但我还是觉得有点煎熬，有愧疚感，感觉自己是个渣男，尽管这只是个游戏。"

讨论

> 问题：为什么激情容易消退？人体激素又是如何从生理上对抗这样的天性的呢？

这真的是一个值得思考的问题。27 号女生本来和 36 号男生已经完成了配对，结果却被 33 号女生"横刀夺爱"，这给我们的感觉很像现实中的出轨、离婚，似乎很像婚姻当中那种激情退却后被别人乘虚而入的状态。

对此，彭凯平教授是这样解释的："人类的婚姻是很微妙的，当我们在刺激作用下产生多巴胺时，我们需要不断地加强刺激的强度，才能维持同样水平的多巴胺。这很难。所以说在亲密关系中，激情很容易消退。"有一个很有趣的现象叫作柯立芝效应。柯立芝是美国第 30 任总统，有一次他带太太去参观一家农场，发现有一头公牛精力异常旺盛，连续和母牛交配十几次。他太太就对农场主说："请你转告总统先生。"（意在柯立芝也应该勤劳些）。然后总统就问农场主："它每一次都和同一只母牛交配吗？"

这个故事意在说明在人和动物身上，要想产生兴奋感、产生多巴胺，其实是需要变换对象的，如果是同一个刺激对象，那很可能激素水

> **柯立芝效应**
> 大多数哺乳动物在交媾之后的一段时间内，不再与原有的配偶发生性行为。

平就会下降。但是现在的心理学研究发现，对于人来说，这其中还有催产素的作用，这种激素很有意思，它的作用机制是"历久弥新"，即越熟悉，产生的催产素水平就越高。所以我们在亲密关系中应该维持两个系统：一个是多巴胺系统，另一个是催产素系统。

除此之外，王勇教授还补充道："婚姻、爱情是一个良性的互动关系，你需要主动去和对方互动，要积极地去争取。"就比如在实验当中，如果 27 号女生在配对之后，和 36 号男生多一些沟通交流，33 号女生就未必能横刀夺爱了。

| 问题：为什么相比现代女性，古代女性更不担心婚姻破裂？

借助激情建立起的恋爱关系，特别是走向婚姻关系之后，要想稳定地维持下去，实际上是靠财产制度的约束来进行的。在我国古代，男性要想离婚特别容易，所以我们就能看到，过去女方会要求男方送彩礼。这个彩礼实际上就是要男方交一笔保证金，就是"我向你保证我以后不会写休书"，所以说彩礼实际上是一种保证金制度。而且婚礼要办得比较隆重，花费很多。当你知道结婚需要花这么多钱的时候，你对婚姻的

态度也会非常谨慎。

所以说，古代的女性并不像我们想象的那么弱势。

在王勇教授看来，在博弈论中，由于男方在婚后可以写休书，这个优势是在合作关系确立之后的事后优势，所以女方就要有事前优势。要求男方送彩礼就是一种事前优势，通过事后优势和事前优势的均衡，才能维持一个合作关系的稳定。这就是 1994 年诺贝尔经济学奖获得者约翰·纳什（John Nash）教授的博弈论思想。

我们现在的社会和古代的社会相比，很多地方不怎么送彩礼了，也不兴大操大办婚礼了，这样一来，女方的事前优势和古代相比就大大减少了，那怎么保证婚姻关系的稳定呢？这就需要增加女性的事后优势。

除了在房产证上给女方加名字，大部分家庭常用的一个办法就是由妻子来管钱。让妻子掌握家庭财政大权实际上是提高女性事后优势的一种制度安排。民政部的统计数据发现，在离婚的家庭中，由丈夫管钱的家庭占比较高，也就是说，由妻子管钱的家庭离婚率是相对较低的，因为这提高了她的事后优势。

> **王勇金句**
> 借助激情建立起的恋爱关系在走向婚姻关系之后,实际上需要靠财产制度的构建来维持。

会有人一直等待下去吗

最后剩下的人

实验的最后四分钟,39 号女生仍然门庭若市,作为全场女神,她还未做出选择……

一直甘当备胎的 22 号男生放弃了 39 号女生,携手 23 号……

18 号男生一直在闲聊,看起来似乎并不着急……

35 号女生开始劝说 40 号男生放弃对 39 号女生的追求,考虑自己,但 40 号男生表示要再努力一下……

号最小的 2 号男生对一个女生表示:"奖金我可以跟你一九分,全给你都行……"

有趣的是，实验的最后 10 秒钟，还有人在忙着配对，甚至包括 39 号女神。

不难想象，如果实验没有严格的时间设定的话，可能有些人会无休止地挑下去。

讨论

问题：我为什么没有女朋友？

现实生活中，很多人都会采用这种等待策略，比如列一些条件，然后拿这些条件去筛哪些人适合自己，英国数学家彼得·巴克斯（Peter Backus）2011 年写了一篇文章，在网上引起了轰动，名叫《我为什么没有女朋友》。

巴克斯列出了一些结婚对象需要满足的条件，然后进行了概率上的推演：

1. 年龄合适；
2. 单身；
3. 大学文凭；
4. 有魅力；
5. 对方觉得我有魅力；
6. 合得来。

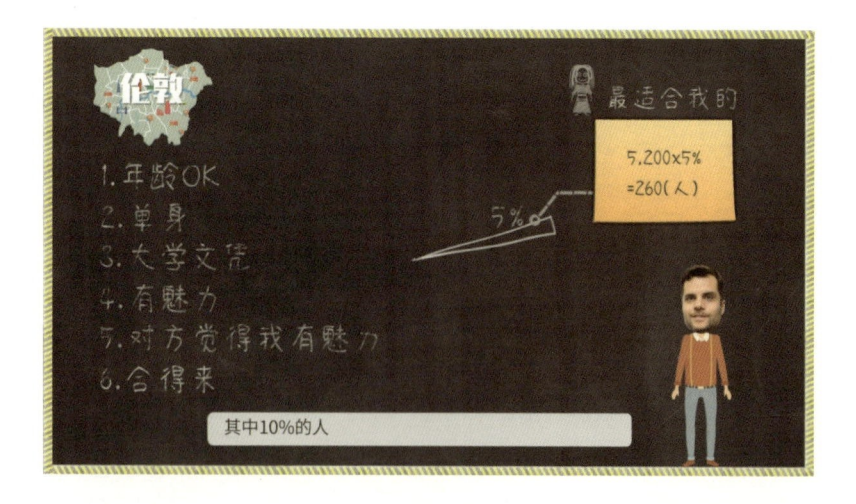

伦敦

1. 年龄OK
2. 单身
3. 大学文凭
4. 有魅力
5. 对方觉得我有魅力
6. 合得来

5%

最适合我的

5,200×5%
=260(人)

其中10%的人

> 和我在同一个城市的女性有 400 万人，其中，20% 的人在年龄上适合我；其中，50% 的人有可能是单身；其中，有 26% 的人可能拥有大学文凭；其中，5% 的人对我来说可能会有吸引力；其中，5% 的人可能觉得我有吸引力；其中，10% 的人跟我合得来，最后，满足条件的人数为 26 人。

整个伦敦，只有 26 个人适合他。我们现在经常在北京的公园里看到那些为自己的女儿或儿子找对象的大爷大妈，列出一堆条件。那么为什么按列出的条件去找，往往很难找到合适的人呢？就是因为我们刚刚提到的，不管是爱情还是婚姻，都是良性的互动关系，不像我们去买一台彩电、买一件衣服那样，列出预算，根据想要的尺寸去筛选就可以了。那种决策是适合人对物的优化决策，但恋爱是人与人之间的互动决策。

早在 20 世纪 50 年代，著名心理学家费斯汀格就发现，我们与任何人的关系都比我们想象的要近，即使你根本不认识的差距很大、远在天边的人，你和他之间最多只隔着 5 个人。五步之内必有佳偶，这是一个很典型的现象，我们叫作六度分离理论。所以有心理学家根据人类的互动关系和人类的社会网络结构进行了一个计算，就是在 100 万人中，至少有 6000 个人是你的最佳配偶。所以在这个世界上，没有唯一的那个人，关键是你得去找，而不是等。

实际上，在巴克斯写这篇文章后不到两年，他就从身边的女性朋友当中找到了自己的恋人。

门当户对的选择

让我们回到实验中来。

所有答案揭晓之后，我们惊讶地发现，大多数组合的分差都在 10 分以内，并且以 5 分居多，总体符合"门当户对"。

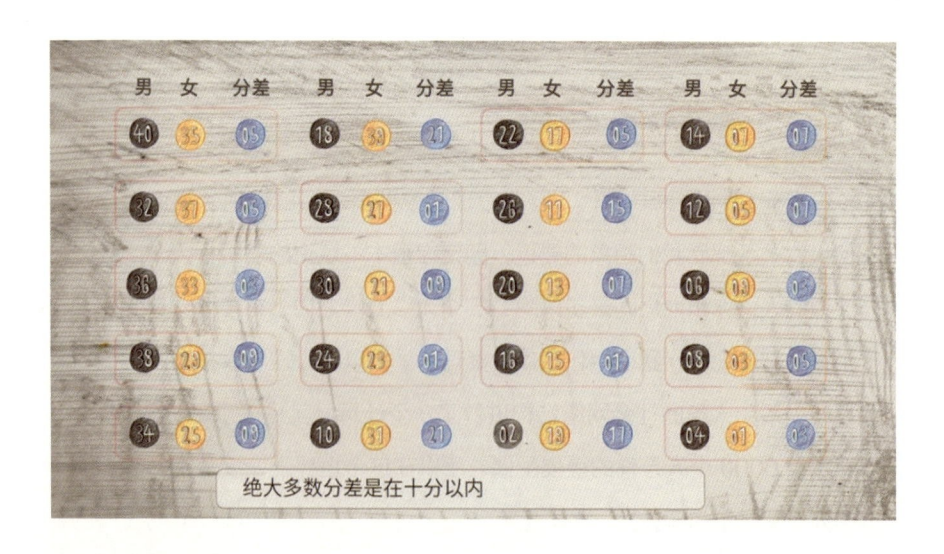

男	女	分差	男	女	分差	男	女	分差	男	女	分差
40	35	05	18	39	21	22	17	05	14	07	07
32	37	05	28	27	01	26	11	15	12	05	07
36	33	03	30	21	09	20	13	07	06	03	03
38	29	09	24	23	01	16	15	01	08	13	05
34	25	09	10	31	21	02	19	17	04	09	05

绝大多数分差是在十分以内

最低分的组合是 1 号和 4 号，最高分是 40 号和 35 号。

而 39 号女神，出人意料地跟 18 号男生组了对。

据她事后回忆，人生可能就是这个样子，本来以为好的 36、38 号已经没有了，现实中，你肯定也会被围在你周围的人挑选，而不会主动去做一些挑选。

一群男生把她挤到了很边缘的位置，在大家都还在比谁的嘴巴更甜的时候，18 号男生直接上手，一把把她拉走，然后不停地问她"可以

被试 39 号 ｜ 人生可能就是这样子

吗,可以吗",就这样弯道超车,逆风翻盘,抱得女神归。

这一幕之前就被王勇教授预料到了,而 40 号男生也很有趣,如果不是 35 号女生一直坚持,他很可能就会成为女版的 39 号。

40 号男生一开始的策略就是"等",人们等的原因是想追求完美,但是有一种说法叫"完美是良好的敌人",即你追求完美就有可能会错过良好。在数学、运筹学包括经济学中有一个理论叫作最优停止理论。就是当我们去做搜寻时,我们到哪一时刻、到哪一个人就该停止搜寻,就该做出决策,在数学上,有人做过一个测算。

最优停止理论

在进行目标搜寻时,假设计划搜索 100 个目标,其实在搜索到第 37 个时就要停止搜索,做出选择,此时搜索成本和收益之间达到最优平衡点。

测算结果表明,从前往后数,数到 37% 的时候就应该停下来了。假如说我们谈一段恋爱需要一年时间的话,10 年时间大概总共可以谈 10 段恋爱,按照 37% 的比例来看,差不多谈到第三或第四个就该停下来,步入婚姻了。

在这个问题上,还存在文化和性别差异。我国文化不太提倡谈很多次恋爱,而西方文化是提倡的,特别是美国。美国鼓励年轻男女多去约会,但这种约会(dating)不是我们中国人所说的恋爱,而只是说去交往。这种异性交往在某种程度上能够增加你判断、选择的机会和经验。

门当户对仍然是稳定婚姻的普遍规律

为什么门当户对在两性婚配中仍然是一个普遍现象

40 号男生和 35 号女生的组合是全场最高分,20 对男女组合,分差以 5 分居多,绝大多数分差是在 10 分以内,基本上还是符合高分配高分、低分配低分的预设。

而在现代婚姻中,这种门当户对的现象也普遍存在吗?

在我国的传统文化中,我们经常讲郎才女貌,我们强调互补。你哪个方面不足,就找一个那方面有优势、能够改变你基因的对象。所以,到底人类的婚姻遵循的是互补原则还是匹配原则? 20 年前,彭凯平教授还在美国伯克利大学任教的时候,曾经做过一项研究。他调查了 5000 对夫妻,结果发现,他们大多遵循的是匹配原则,当然这个匹配不仅是经济的匹配、门第的匹配,还包括性格、相貌的匹配。所以匹配原则是爱情和婚姻关系的普遍原则。

> **彭凯平金句**
>
> 婚姻最终遵循的是匹配原则,心理学研究发现,门当户对仍然是稳定婚姻的普遍规律。

而在王勇教授看来,经济学家看婚姻的匹配关系更关注的是经济方面,特别是收入。美国社会学家克里斯汀·穆希在《彼此的支撑:金钱、男性气概与出轨》一文中,揭示了夫妻的相对收入差异对出轨行为的影响:如果夫妻两人的收入比较接近的话(即男性的收入是女性的1~1.5 倍),婚姻关系就会比较稳定。但是超过 1.5 倍之后,特别是当男性的收入占到整个家庭收入的 70% 时,男性出轨的比例就开始上升。但是有一个令人比较诧异的结果,就是在收入为零的男性中,出轨的比例占到了 15%;但是反过来,如果女性做全职太太,男性挣钱养家,女性出轨的比例是 5%。

克里斯汀·穆希
美国社会学家,在《彼此的支撑:金钱、男性气概与出轨》一文中,揭示了夫妻的相对收入差异对出轨行为的影响。

研究结果发表后引起了轰动,人们开始看到收入的不匹配会给稳定的婚姻关系带来负面的冲击。2016 年,世界银行公布了一个数据。我

幸福小百科

知识点备忘

1、当男性的收入是女性的1到1.5倍时，婚姻关系比较稳定。
2、当男性的收入占到整个家庭收入70%时，男性出轨的比例开始上升。
3、当男性的收入为0，男性出轨的比例为15%。
4、当女性的收入为0，女性出轨的比例为5%。

王勇 | 男性挣钱养家

国男性和女性的收入总体来讲是最平等的，这可能也会对我国家庭的婚姻关系产生积极的影响。

所以，这就给我们的男女同胞一个启示，如果你希望自己的婚姻和爱情长久、稳定、幸福，一定要追求和对方相似，不要相信郎才女貌，或与对方互补，要互补的是团队，不是夫妻。从爱情走向婚姻的过程当中，可能还是要从经济的角度构建好双方的财产关系，让这个财产制度更好地去支持两人的婚姻和情感。

爱情：理性与感情的交织

你可能会觉得上面的分析太理性了，似乎爱情就是一场等价的利益交换，但或许在这场爱情的较量中，还有一个变量是不可忽视的——感情。

一位经济学家曾在课堂上讲道：

姑娘，有一天一个百万富翁向你求婚，他愿意给你一切，这本来是一件非常美好的事情。算一下，你以为自己赚了一百万。但同时又有一个千万富翁看上你了，那么你与百万富翁结婚的机会成本就是一千万。也就是说，如果你嫁给了百万富翁，那么你会亏损九百万。这是经济学。

我非常庆幸，我的太太经济学没有学好，那时候她非常漂亮我却没有钱，但她还是嫁给我了。这是爱情。

愿你有一个智慧的头脑，也能有一颗为爱勇敢的心。

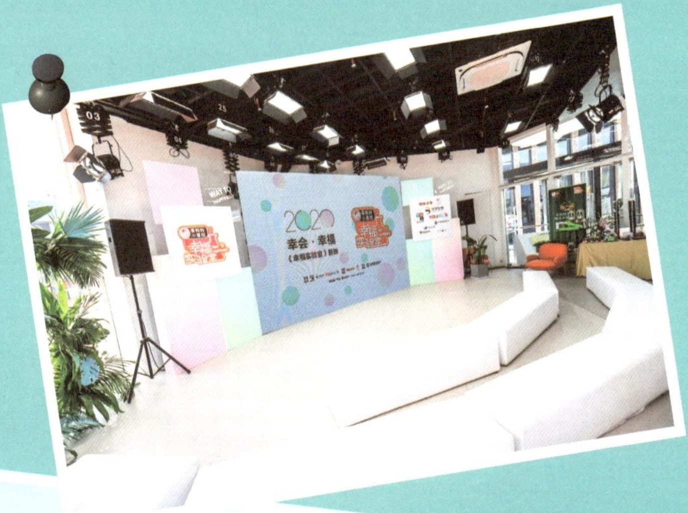
2020
幸会·幸福

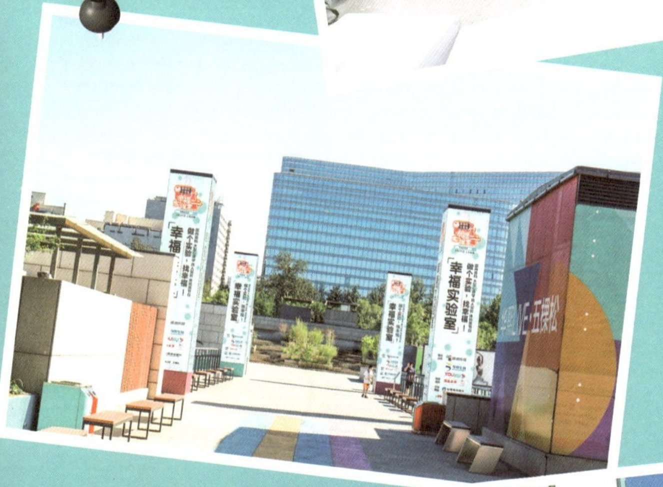
幸福实验室
做个实验，找幸福！

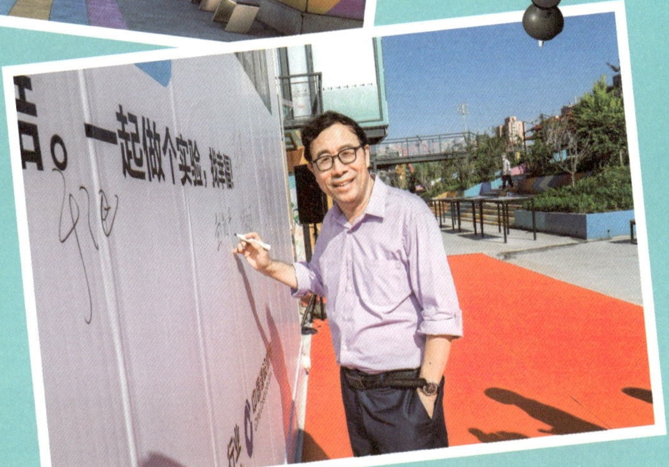
一起做个实验，找幸福

>>> chapter 2

好好分手

本章看点

- 为什么失恋会让人这么痛苦?
- 回忆前任,为什么美好的感觉和痛苦一样记忆深刻?
- 人们为了拒绝接受"失去",会有哪些心理表现?
- 人在失恋后会经历五个心理阶段,你知道吗?
- 为什么不必强迫自己一定要忘掉前任?
- 什么是好的分手和不好的分手?
- 如何好好分手?为什么要好好分手?

引言

你会怎么处理前任送你的东西，是把它们扔掉，藏进箱子里，还是干脆一把火烧掉？对于这一道道留在心口上的伤疤，你可能想象不到，有一天，它们会成为治愈别人的一剂良药。

失恋是一件非常普遍的事情，但是人们在这一过程中经历的情感历程，我们并不是那么了解，也许我们可以通过别人的失恋故事来了解失恋会让我们经历怎样的失落、怎样的难过，怎样处理失恋带来的创伤，到底什么样的失恋是好的分手，什么样的失恋是不好的分手。

对一段亲密关系来说，结束往往比开始更难。

分手不仅意味着你失去了"我们"中的那个 Ta，也意味着你失去了"我们"中的那个自己。失恋的痛苦常被心理学家类比为死亡，因为关系的结束会带来近乎生命结束的感受。但无论分手时经历过什么样的不堪和痛苦，重新审视分手仍然意义重大。尽管关系已不可挽回，但一次好的分手仍可以为自己写就一个美好的爱情故事，更宝贵的是，它还能帮我们在跌宕起伏的情感之旅中，维系对爱情的最后一丝信念。

但我们和失恋博
其他年轻人

"唯有你的心里,才有我想去的四

馆里的板

爱缓飘落的枫叶像思念
为何挽回要赶在冬天来之前

你要治愈我

究竟是什么在左右着失恋者的情绪

在本次实验中，我们来到了失恋博物馆——一个失恋者聚集地。我们在这里搭建了一个相对封闭的实验空间，邀请了 12 个人参与今天的实验，我们给他们带上了皮电仪器，记录他们情绪波动的情况。

皮电仪器是心理学用于测量情绪的一种仪器。我们人的身心是一体的，所以当我们有情绪的时候，一定会有一些身体的反应。一个很重要的反映情绪的生理指标就是汗液。当你觉得自己很焦虑、很紧张的时候，你的汗腺就会分泌很多汗水，汗水会影响你皮肤电的电阻。所以我们用这个仪器去测量皮肤电，看看它的电阻有没有变化，就可以反推你的情绪有没有变化。

实验参与者被分为 AB 两组，每组六人，并被编上号，在九分钟的时间里，他们分别要完成三个任务，每个任务的执行时间为三分钟，皮电仪器将记录他们在任务中的情绪波动情况。两组参与者执行的第一个任务和第三个任务相同，要求他们尽情回忆自己的前任，而第二个任务不同，受这个不同任务的影响，两组人很可能在两次回忆前任的过程中，呈现出不同的情绪变化，一组可能会变得更加激动，另一组可能会变得更加平静，那么，究竟是什么在左右着失恋者的情绪呢？

观察室讨论

抗拒关系结束的三种方式

在陈海贤老师看来,我们在失恋之后面临的一个很难的问题就是去说再见。我们在面对情感失去的时候,在心理上会有一些特定的处理方式。

幻想挽回

第一种方式就是我们都会有一些挽回的幻想，会幻想关系的继续，觉得只要能够解决问题，关系就会继续。就像一个实验参与者说的"那段时间，什么面子都不要了……"，这就是对挽回的幻想。

对对方和关系的理想化

如果发现挽回不可能，我们就会采取第二种方式，就是对对方和关系进行理想化，好像给它们戴上了一个光环。这其实是一种对丧失的反应，它其实是在推动你去挽回，让你觉得这么好的人不能失去，所以很多人会觉得"我再也找不到这么好的人了"。其实任何一段关系走到分手，一定是有其现实的矛盾和困难的，可是在理想化的时候，我们好像忽略了这些东西，就觉得我们是无缘无故、很可惜很遗憾地失去了对方。

故意沉浸在悲伤中

第三种方式就是我们很容易让自己沉浸在悲伤里不肯走出来，这意味着你其实还保留着"这个人很重要，这段关系很重要"的幻想，对于这一点，陈海贤老师讲了这样一个故事。

我遇到过一个女孩，她跟前男友分手已经三年了，这三年来她每天早上上班前的第一件事就是去翻翻前男友的微博，去看看他发了什么生活动态，其实他的前男友已经结婚了，所以微博里就会有家庭，有妻子、孩子，当然不会有她的影子。她看了之后很难过，但是每天仍然忍不住去看。我觉得很奇怪，我问她："这么难过的事情，你为什么还让自己持续做呢？"她告诉我："我在我前男友那里已经看不到我们关系的影子了，假如说我也不去关心了，我也走出了这段关系，那这段关系就真的结束了，我宁可它留下一些痕迹，也许是通过我悲伤的方式……"

> **陈海贤金句**
>
> 对失去的关系的理想化，是潜意识想要挽回关系的努力。
> 我留在这段关系里的唯一方式，是我还能为它悲伤。

接受关系结束的五个阶段

如果说失恋很像死亡的话，那我们走出失恋的过程就好像经历了死亡之后的重生。多年前有位心理学家，他研究了很多重症病人的心理历程，发现他们要经历五个阶段来接受将要死亡这个事实，重新获得平静。

第一个阶段叫作否认，就像你会否认自己得了绝症，在恋爱关系上就是你否认自己失恋了，你觉得你们之间还有关系。

第二个阶段叫作愤怒，被分手的一方会觉得"你为什么要这么对我，为什么要抛弃我"，会产生很强烈的愤怒感。

第三个阶段叫作讨价还价，过了愤怒期以后，一方面，你会告诉自己，这段关系已经失去了，另一方面又会告诉自己还有挽回的可能——一边告诉自己该放下了，一边又抓住不放。

第四个阶段叫作失落，你会感到特别地失落和悲伤，从两个人慢慢地又变成一个人了，你会经历很多很多的孤独。

第五个阶段叫作平静。在过了失落阶段后，你才慢慢进入最后一个阶段——平静。这个过程的核心就是你得允许自己难过一段时间。

有一句话很适合拿来鼓励失恋的人们：

> 最艰难的时候别老想着太远的将来，只要鼓励自己熬过今天就好。"熬过今天"是解决一切难题的咒语，其实熬着熬着，不知道什么时候也就熬过来了。

实验过程：失恋如何触发了"白熊效应"

任务一：尽情回忆前任

AB 两组的第一个任务是一样的：

> 现在，请回忆你的前任，你可以尽情描述 Ta 的样子，也可以回忆与 Ta 在一起的故事，没有叫停的时候，你不要停。

这项任务的目的是快速唤起实验参与者对前任的情绪反应，模拟他们失恋后回忆前任的状态。

"他留着蘑菇头，我俩前后桌，他从后面拍我，让我扭头，我扭过去的时候他亲了我一下……"

"前任是个个子很高的女生，她笑起来的时候，感觉能把全世界暖化……"

"我第一次见他的时候，是高一军训时，他跟教官坐在一起，他的皮肤有一点古铜色，阳光一打，皮肤上泛着光，那一瞬间，我记住了他……"

"高三参加学校毕业典礼的时候,我们都穿着礼服,他跟我说'我特别想跟你照一张照片',后来照片被他上传到了网上,看起来就像我们要结婚了一样,那一天算是我们确定关系的日子……"

"我们之前经常在一起学习、讨论问题,我们比同学关系要好一点,但是又比恋人少了一点,谁也没有去说破这件事情……"

令我们有些意外的是,没有一位实验参与者在这个过程中吐槽前任,或者诉说自己的悲伤,他们的回忆看起来都"甜甜的"。

在陈海贤老师看来,也许美好的记忆代表了他们处理失去的某一个阶段。在一个特别的阶段,我们经常会给我们的前任以及恋情戴上很重

的光环，那个人离开了，可是这段关系并没有离开，它还存在于我们的心里，存在于我们的记忆里。在那个时候，我们的大脑会拼命告诉我们，我们损失了很多很重要的东西，尽管它本身未必是那样的。

就像有一个男生说："我们甚至都没有见过面，就有了那种感觉。"他其实都不认识对方，都不知道对方真实的样子，而只是靠在网易云上的一些评论，然后他就觉得自己恋爱了，这其实完全是靠很多对对方美好的幻想来支撑的。还有一个女生说："我坐在前男友自行车的后座上，我觉得整个人都充满了活力。"这也是恋爱给它自己戴的一个光环，她会通过美化这种关系，把对方理想化、把关系理想化来提醒自己，自己失去的是太重要的东西，所以要想办法去挽回。你现在越失落，作为一个对照，你过去在恋爱里就越美好，这个恋人的光环就越大。可是当爱情的光环散去，神圣的感情就会变回我们难以面对的庸常，这也是失恋令我们痛苦的地方。

> **陈海贤金句**
> 失恋是一个放大器，来放大记忆中的美好。
> 当爱情的光环散去，
> 神圣的情感就会变回我们难以面对的庸常，
> 这也是失恋难的地方。

任务二：禁止回想前任

AB 两组的第二个任务不同。A 组的任务是尽量不去想刚刚提到的那个人，也不要说话，直到主试叫停。这样的任务是为了模拟人们在失恋后的真实处境，即当陷入对前任的回忆时，他们会强制自己停止回想前任。

B 组的任务是尽可能不要去想长城的样子。这是什么意思呢？在答案揭晓之前，我们先做一个小游戏：在接下来的一分钟里，请不要想象一只白色的熊。

不要挣扎了，我猜你们的脑子里一定出现了它。

白熊实验

在 20 世纪 80 年代中期，哈佛心理学家丹尼尔·韦格纳（Daniel Wegner）在心理学杂志上偶然读到陀思妥耶夫斯基的一个古怪但富于启发性的说法："一旦给自己设定一项任务——不要去想白熊，你就会发现白熊每分钟都来拜访你的脑海。"韦格纳决定做一个简单的实验来看看这是不是真的。

他让每个参与实验的人单独坐在一个房间内，并告诉他们

> 可以在脑海中想任何事情，就是不能想白熊，每当白熊出现在他们的脑海时，他们就要按一下电铃。
>
> 结果，在短短数分钟内，此起彼伏的刺耳电铃声证实了陀思妥耶夫斯基的说法——越是让人们压抑某个想法，那个想法就越会顽固地纠缠不休。

分手之后，人们总会忍不住去想旧日情人，并为此感到痛苦不已，越是让自己不要想，陷得就越深。

这是为什么呢？对此，陈海贤老师是这么解释的："当我们在脑海里告诉自己不要去想白熊的时候，我们其实是在把它标识为一个你需要去注意的危险的信号。可是我们对于危险的信号是怎么处理的呢？我们的注意力在不停地扫描，同时大脑默念'没有出现，没有出现……'。所以当实验者命令你不要去想的时候，你反而很容易想起来。"

回到我们这个实验里，实验者让你不要去想你的前任，这很像很多人失恋后的情况，告诉自己"不要去想Ta"，甚至还有个实验参与者说"如果我再提这个人的名字，我就给自己两巴掌"，可是如果你尽力压抑不让自己去想，有时候未必会有好的效果，就像这个白熊实验一样。

而B组的任务是不一样的，B组的任务是尽量不要想起长城，那会有什么不一样的结果吗?不出意外,实验者们不是表示"我发现自己在很努力地回想长城,我也不知道自己为什么要想长城……",就是"我已经尽力避免想长城了,我从夏朝背朝代背到民国,但背到清朝还是想起了山海关……"

失恋分很多种,如果因对方出轨而失恋,那种伤害好像是格外难以平复的,因为我们在经营恋爱和亲密关系的时候,是会持一些基本的信念的,就像我们前面说的光环,这个光环是怎么来的呢?第一个条件就是你和我都把彼此当作很特别的人;第二个条件就是我们都是彼此的唯一;第三个条件是你只爱我一个人,不会爱别人。这也是依恋关系中都有的含义。出轨最大的伤害就是击碎了这个经营亲密关系的信念的基石。

在我们的实验中,没有一个人说是因为不爱了而分的手,每个人都说分手是因为相处不来。在关系最后的阶段,包含很多很复杂的情感,所以分手很多时候不是因为不爱,而是我们处理关系、处理这种很痛苦很复杂关系的一种形式——实在处理不了了,就用这种方式来处理。

对此,有什么解决之道呢?

所有的问题,只有当它成为你要去的路上的障碍时,它才是问题。

实验中有一个女生说:"我不能早恋,因为我要去 XX 大学面试。"所以结束这段关系对她来说是一个好的选择。在她看来,结束关系不是问题,关系才是问题,"我"结束关系是"我"解决了这个问题。

> **陈海贤金句**
> 分手不一定是问题,它也可以是问题的一种解决办法。

对于所有人来说,最终是不是一定要有亲密关系,是不是就是跟这个人在一起,其实是一个开放的命题,所以也就没有确切的答案。这也就意味着跟这个人分手,也不一定就不好。

任务三:再次回忆你的前任

AB 两组的第三个任务都是回忆前任,目的跟任务一一样,都是试图使他们陷入回忆前任的状态中,最终实验者将对比两组人从任务一到任务三的情绪走向。

"我们后来发生了激烈的争吵,那个时候我很喜欢他,我对我们的未来已经是有幻想的了,但是在我尝试为了这段很有可能并没有任何希望的未来去努力的时候,他一点都不努力,他完全都没有努力……"

"我和前任比较遗憾的地方是,我还没有陪他过过生日。分手后我本来并没有情绪崩溃,直到他过生日的那一天,我看到他发的照片,和很多人在一起,就想的比较多……"

"(分手)已经过去一段时间了,我感觉现在还是比较平静的,能够平静地经营自己现在的生活,可能就是觉得不会再这么去喜欢某个女孩了吧……"

"分手三四年后的一天夜里,我从梦中惊坐起,我觉得我要给他写一封很完整的告别信,把这件事给了结了。当天夜里两三点钟,我给他发了一封邮件,我以为他可能都看不见,结果到了第二

天,也是夜里三点钟,他也给我回了一封邮件。看完了这两封信,我觉得我在以后的80年里再想到我的初恋,我都不会有什么遗憾了……"

"这个唇膏是她在分手之后送给我的,因为北京的气候特别干燥,一入秋我的嘴唇就会发干。在一起的时候,我会让她先涂上唇膏,然后再用嘴唇分给我,分手之后她送了我一管唇膏,每次用我都会想起她来,就感觉她还在我身边……"

实验结果与失恋者的故事

实验结果

实验结果会是什么呢?

如果参与者在任务三中的情绪反应,比在任务一中的情绪反应大,表示任务二加剧了他们对前任的情绪反应;如果相反,那说明任务二缓和了他们对前任的情绪反应。所以,到底是哪一组实验参与者,在这不到10分钟的时间里,短暂地走出了前任阴影呢?

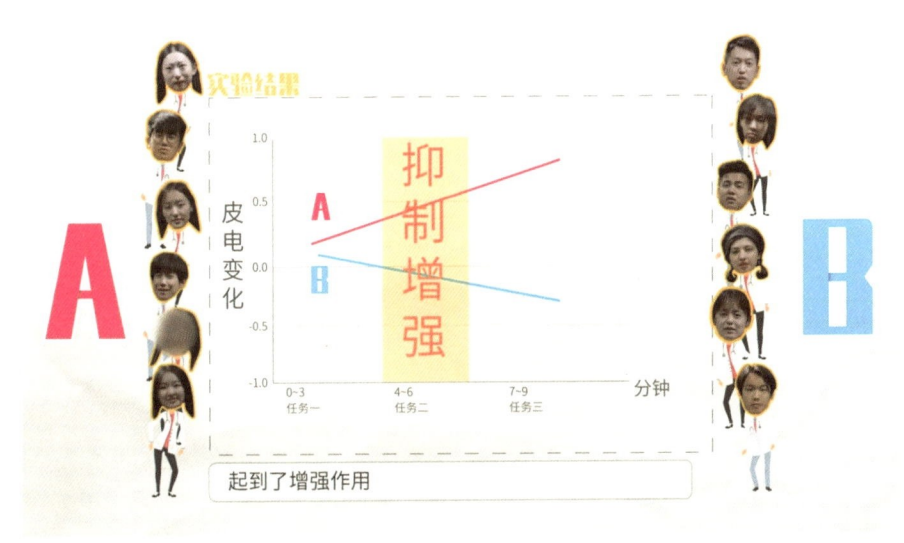

参与者皮电变化

实验结果显示，在任务二中，抑制回忆前任的 A 组参与者情绪反应持续增强，而抑制回忆长城的 B 组参与者的情绪反应持续降低。抑制过程对参与者的生理反应起到了增强作用，该实验结果也符合白熊效应。

失恋者的故事

本实验于 2018 年在北京 798 艺术中心的失恋博物馆一个展览中进行。在来看展的人群中，我们随机邀请了近 50 名年轻人参与实验和采访。当被问到分手后是否还保留着前任的东西，是否尝试过忘掉前任时……

　　有人全留着,连对方吃完的那根冰棒棍,还洗好了装钱包里;

　　有人把照片全删了,但照片拍的什么全都记得;

　　有人被对方一夜间删掉了全部联系方式,导致自己很久很久没有放下;

　　有人以为自己已经放下了,被突然问到这个问题时,脑中一声轰鸣……

　　实验中,参与者被要求在三分钟内尽情回忆前任,出现了以下令人意外的情况。

当他们开始描述前任时,几乎都是美好的情节

　　有人记得初见时对方在阳光下反着光的古铜色皮肤;

　　有人在网易云通过评论音乐开始了一段浪漫的网恋,自始至终也没见过对方的样子;

有人为了对方从未公开过他们的恋情，还记得在天桥下第一次接吻；

有人和前任是跨国恋，彼此不在身边时就会随手拍照发给对方，现在仍有拍照的习惯，只是再也没有发送出去……

当谈到分手的原因时

有人是因为对方迫切想结婚而自己恐婚，感情莫名就冷淡下来，直到平静地分开；

有人早恋，被班主任泼下一盆冷水，清醒地认识到自己不会为了一个男生放弃出国追梦；

有人一直需要对方包容自己，直到对方身边出现更好的追求者；

有人被对方像孩子一样宠爱的同时，也被对方狠狠家暴；

有人和对方从小一起长大，并暗恋对方七年，终于鼓起勇气表白却被一口拒绝；

幸福实验室：爱是难题，爱是答案

> 我曾经很幼稚地觉得
> 全天下的女人都会经历这种事
> 只有我不会

有人在和对方旅行的过程中翻看了对方的手机，发现对方其实出轨了很久很久……

分手后的状态

有人感觉自己再也不会那么喜欢一个人了，或对谈恋爱失去了兴趣；

有人食欲不振、酗酒、失眠，感觉内心的核没有了，只剩躯壳；

有人不知道以后应该找个什么样的人，还能怎样跟对方相处；

有人以为自己忘得差不多了，但在对方有了新的恋情后发现自己还是非常想念对方；

有人还在原地等待，幻想对方能再回来；

有人逼迫自己，必须去喜欢别人了；

有人有了新欢，让自己习惯没有前任的生活；

有人不仅不想忘记前任，还不停地在回忆中寻找甜蜜；

有人对人性有一点怀疑，但对下一段恋情又有所憧憬……

分手后，什么时候又会想起他

有人在有了新恋情后的某一天，突然想起前任，在现任怀里大哭；

有人在新闻里看到前任所在的地方发生天灾人祸，打了分手后的第一个也是唯一一个电话；

有人总是在和前任一起坐过的地铁上想到对方，后来发现其实自己并不是真的喜欢对方；

有人妥善保管前任送的东西，看到这些东西的时候仍会有幸福感……

为什么不必强迫自己一定要忘掉前任

读完以上的失恋故事，我们相当于跟着他们复盘了一遍感情经历，如果说有什么是重要的，也许跟这个白熊实验也有一些联系，就是情感的疗愈有其自然的过程。心理学家弗里茨·西蒙（Fritz Simon）说过这样一句话："很多时候，我们改变事情的企图，会让事情的发展更糟糕，因为它会打断事情自然发展的进程。"

就比如说，你膝盖上有一块淤青，如果你不去碰它，慢慢地它自己就会恢复。但如果你因为觉得那里很疼就不停地去揉搓，或者不愿接受，想着我不要这么疼，这种纠结本身就会妨碍它疗愈。其实对于失恋也是一样，我们一定会经历一些痛苦，因为你爱过，可是你要去做自己该做的事，而不是跟情绪做斗争。

好的分手和不好的分手

分手也分好的分手和不好的分手。一般来说，两个人在分手的时候都会问一下："我有最后一个问题要问你，你有没有爱过我？"为什么这个问题这么重要，是因为其实我们需要保留对爱的信心。好的分手是这段关系仍然存在，只是存在于你的心里，这些关系里好的部分，就变成了你美好的记忆，这段关系中不好的部分——伤害、挫折，则变成了你应对下一段关系的经验。

而不好的分手是相反的，它不是这段关系活在你心里，而是你还活在这段关系里。这样一来，这段关系中美好的部分就成了你很想让这段关系继续、去重续前缘的执念，而关系里不好的部分，就变成了你再也不敢开始另一段关系的创伤和恐惧。所以很多时候要给感情一个自然走完的过程。

一个好的分手需要两个人的配合，就像我们的一个参与者，她在分手后给前任写了一封很长的信，她前男友也给她回了一封信。然后她说自己在接下来的 80 年都不会再有遗憾了。写一封信，然后对方也回一封善意的信，这就是两个人的配合。至少在她心里，恋爱是一个美好的故事。要知道保留一个好故事也是很重要的。

> **陈海贤金句**
>
> 好的分手是这段关系活在你的心里,关系里美好的部分变成了记忆,不好的部分变成了经验。
>
> 不好的分手是你还活在这段关系里,关系里美好的部分变成了你不肯放手的执念,不好的部分变成了你不敢重新开始的创伤。

为什么这很重要?是因为我们需要保留对爱的信心。走出失恋的过程就像房子被推倒了,可是组成房子的砖头还在,我们就用这些破碎、失落的东西,再去寻找我们新的希望,寻找新的情感、新的伴侣,重新来建一座更加安全的房子。

分手后长大

失恋、分手是一种普遍经历。它之所以可能成为创伤,是因为"你的一部分自己"丢失了。

当人们处于亲密关系中时,他们的自我就会与伴侣的自我交织在一起。在某种程度上，这两个自我的重叠可能是关系中非常积极的一部分。

但这也意味着，分手在某种程度上会导致自我的丧失。人们感受到了自己对自己的拒绝。心理学家卡罗尔·德韦克（Carol Dweck）提出，当分手所代表的"拒绝"与自我概念密切相关时，人们就更不容易接受分手，也就是说，"拒绝已经成为他们自我概念的一部分"。但你可能不知道，分手也可能是件好事。

心理学研究发现，那些经历了"分手后长大"的人，不仅更容易从失恋的阴霾中走出来，还能够获得一个更好的自我。正如尼采所说的，"杀不死我们的东西让我们更强大"。

斯坦福大学博士后劳伦·胡卫（Lauren Howe）与心理学教授卡罗尔·德韦克调查了数百个有关分手的故事。他们发现，受感情创伤最小的人，往往是那些"将分手视为自我提升"的机会的人。

> **划重点**
> 受感情创伤最小的人，往往是那些"将分手视为自我提升"的机会的人。

这不是什么"爱得不够深"的矫饰，而是一种类似于"创伤后成长"的心理变化。过去的关系，在某种程度上塑造了我们作为一个人的身份。它指的是一段关系的结束,能推动你从中获得积极的意义,成为更好的自我。

"分手后成长"是个缓慢到来的过程

"分手后成长"是个缓慢到来的过程,在这之前,你可以允许自己充分悲伤。承认并接受痛苦,是从失恋中恢复的第一步。给负能量一个通道,可以帮助你减少孤独感。美国西北大学心理学家格雷斯·拉森(Grace Larson)认为,过早地开始处理悲伤可能会适得其反,它可能让你陷入反复思考中,更难走出失恋。

弗兰克·鲍姆(Frank Baum)在经典名著《绿野仙踪》中说:"人心永远不会变得实用,除非它变得牢不可破。"你可以待在悲伤的情绪中,温柔地对待你自己和被抛弃的那部分,并把"这部分自己"重新带回生活。

分手后成长的关键,是"重塑清晰的自我意识"

当一段感情结束时,你可能会对自己的身份产生迷茫。比如,"我不是 Ta 的恋人了,那我是谁?业余爱好都是为了 Ta 去学的,我自己真的喜欢吗?"

拉森发现，当志愿者们走进实验室，哪怕只是重新谈谈这段感情，对于他们自我意识的恢复都很有帮助。

研究发现，能够促进分手后成长的一个干预手段是表达性写作／日记，因为它注重认知的再加工。一项元分析表明，换一个写作语境会导致消极结果的减少，同时也会增加主观幸福感。

失恋者 06 号 ｜所有的恋情最后都会这么的

你也可以和刚认识的朋友客观地回忆这段感情。包括：你们是怎么认识的，为什么相处了这么久，以及为什么你不愿意继续这段关系了。但你需要把恢复的意识集中在自己身上。吐槽前任一时爽，但从长远来看对于走出失恋没什么帮助。

三种有效的情绪调节策略

密苏里大学圣路易斯分校的米歇尔·桑切斯（Michelle Sanchez）博士和同事们研究了三种广为人知的情绪调节策略是否可以帮助人们减少对前任的"爱情感觉"，让分手不那么痛苦。这三种策略是：提醒自己前任身上的缺点，重新评价爱情的感觉；告诉自己余情未了很正常，接受自己的这种状态、不加评判；分散注意力（比如看电影/玩游戏）。

脑电图扫描结果发现，这三种策略都降低了参与者对前任的积极关注。其中，策略一更能"减少爱情的感觉"，策略三"让志愿者本人感觉更积极"。

收下前任的"遗产"：寻找自己的浪漫盲点

美国心理学家德比·贝恩特（Debi Berndt）认为，分手暴露了你在处理亲密关系时的一些浪漫盲点，让我们有机会审视一下自己和这段关系。你需要有意识地寻找自己在过去关系中反复出现的模式。它是一种信息，也是一种呼救。你可以尝试问自己几个尖锐的问题，比如：

和前任的这段关系，让你感觉到了成长吗（如果没有，为什么）？
你从处理冲突的方式中学到了什么？
当你和前任在一起时，自己的沟通能力变强了吗？
你从前任身上学到的三件事是什么？把它们列出来。
…………

婚姻治疗师丽莎·玛丽·鲍比（Lisa Marie Bobby）建议，在分手之初，记录下你在最脆弱的时候的情绪，六个月后再评估自己的成长情况。光靠时间是不行的。"分手后成长"是一个积极的、有意识去做的过程。长大是一个充满丧失感的过程。人们的恋爱方式往往建立在早年的恋爱经历之上。我们总是一边成长，一边失去可能的自我。如果你能看到每段关系的意义，那每一次的分手，都已经算是好好"利用"了前任。

>>> chapter 3

真心话，不冒险：
如何拯救话题终结者

本章看点

- 建立亲密关系的一大普遍障碍——怕，有哪些表现形式？
- 如何克服"怕"，逐渐靠近彼此？
- 亲密关系的核心价值是什么？
- 为什么有技巧地暴露隐私，是建立亲密关系的有效方法？
- 尝试建立亲密关系的过程为什么有助于实现自我成长？

引言

以单身的方式度过一生有问题吗?

当然没有问题,并且越来越多的人因此收获了更舒适满意的生活。但就在单身浪潮席卷全球、单身的社会容许度空前提高,甚至成为某种政治正确时,我们不要轻易放弃进入一段亲密关系的可能,并且应该尽力追寻一段亲密关系。因为它能回报的价值是不可替代的,甚至构成了自我发展的关键一环。但前提是,我们需要了解什么才是真正的亲密关系,以及它真正的价值在哪里。

在节目中,我们就"为何单身"这个问题采访了实验参与者,得到如下回答:

"我的性格可能有些冷漠,我经常喜欢一个人做一些事情"(主动型单身)……

"其实遇到过心动的女孩子,但是最后没有成功"(母胎单身)……

"我一直认为我是一个无性恋人,是不能对人产生情感的人"

（绝美少女）……

"我比较念旧，很难重新开始"（多情美人）……

"平时不太愿意轻易表达自己"（自闭青年）……

"其实不知道自己想要什么，但是知道不想要什么，不想要妈宝男，还有……"（甲方式择偶）

"别人会觉得我条件不错，会不会要求很高，其实并没有"（身价虚高）……

那么，我们究竟怎样才能迈出脱单的第一步呢？心理学家是怎样研究这些问题的呢？

我们如何爱上陌生人

1997年，心理学家亚瑟·艾伦（Arthur Aron）曾设计了一个实验，试图在实验室环境中，让两个陌生男女产生亲密关系。传言有一对参与者在六个月后结婚了，并邀请所有参加实验的人都去参加了他们的婚礼。多年后，这个实验打动了美国心理学教授曼迪·莱恩·卡特隆（Mandy Len Catron），她运用实验中的方法，迅速与一位男性陷入了爱情。她把这段故事发表在了《纽约时报》上，很快，这个被称为"爱上陌生人"的实验引起了极大的关注，那么，这个实验究竟是什么呢？

其实很简单，它只需要每对男女互相提问，并回答 36 个特定的问题，全部问题回答完毕后再对视四分钟。

我们招募了 40 对陌生男女来参与实验，并选取了其中 6 对来呈现实验。实验将参与者随机两两配对，这六对陌生男女是否能在实验中迅速建立亲密关系呢？

观察室讨论

假如可以选择世界上任何人，你希望邀请谁共进晚餐？

你希望成名吗，在哪一方面？

假如你能活到 90 岁，并且你可以选择让你的心智或身体在后 60 年一直停留在 30 岁，你会选择哪一个？

这些问题看似与脱单、恋爱无关，但实际上都隐含着心理学的原理。这也许就是这个实验设计的精妙之处。心理专家陈海贤老师解释道，人是分很多层次的，最外面的层次比如说年龄、工作是很容易被别人知道的，再深一点就是我们的价值观、我们的成长经历、我们所处的关系，等等，再深一点是一些连我们自己都很难甚至不敢面对的内心最底层的爱和怕。所以我们判断与另一个人亲近不亲近，就是看彼此分享到了哪个层次的自我。交往是由浅至深的，如果我能跟你分享很深的自我，那就说明我们俩很亲近。

有一些陌生人，和我们并没有那么熟，如果我们先来分享我们的秘密（这 36 个问题是由浅至深的），那么当我们分享得越深入、越触及我们底层情感的时候，我们的关系会不会有一些变化呢？

心理学家认为，自我暴露由浅入深，可以分为四个层级，暴露内心越私密的层级，说明两人的亲密度越高，那么，这 36 个问题会怎样引导陌生男女建立亲密关系呢？

36 个秘密问题

1. 假如可以选择世界上任何人，你希望邀请谁共进晚餐？
2. 你希望成名吗？在哪一方面？
3. 在打电话之前，你是否曾排练过如何去表达？为什么？
4. 对于你来说，怎样才算完美的一天？
5. 你上次对着自己唱歌是什么时候？那对着其他人唱歌呢？

6. 假如你能活到 90 岁，并且你可以选择让你的心智或身体在后 60 年一直停留在 30 岁，你会选择哪一个？

7. 关于未来你可能怎么死，你有自己的秘密预感吗？

8. 说出你和你搭档的三个共同点。

9. 在你的生命中最感激的是什么？

10. 假如可以改变你成长过程中的任何事，你希望有哪些改变？

11. 用四分钟的时间，尽可能详细地向对方讲述你的人生故事。

12. 假如明天早上起床后，你能获得任何一种能力或特质，你希望是什么？

13. 如果水晶球能够告诉你关于你自己、你的生活、未来或其他任何事情的真相，那么你希望知道什么？

14. 有没有你长时间以来梦寐以求的事情？为什么你没有去实现？

15. 你人生中最大的成就是什么？

16. 你认为友谊最珍贵的是什么？

17. 你最宝贵的记忆是什么？

18. 你最可怕的记忆是什么？

19. 假设一年后你会突然死亡，那么你会改变现在的生活方式吗？为什么？

20. 友谊对你来说意味着什么？

21. 爱和感情在你生命里扮演着什么样的角色？

22. 轮流分享你认为你的搭档具有的好的特质。分享五条。

23. 你的家庭关系亲密温暖吗？你是否觉得自己的童年比大部分人快乐？

24. 你认为你和你母亲的关系如何？

25. 各自做三个围绕"我们"的事实陈述。例如，"我们一同在这个房间里感受着……"

26. 补全这个句子："我希望可以跟某个人分享……"

27. 如果你要和你的搭档成为亲密的朋友，对 Ta 来说，最需要知道的事情是什么？

28. 告诉你的搭档你喜欢 Ta 的什么；这次要非常地诚实，说一些可能你不会对第一次见面的人说的话。

29. 和你的搭档分享一件生活中令你尴尬的事情。

30. 你上次在别人面前哭是因为什么事情？那独自流泪呢？

31. 告诉你对面的人，Ta 有哪些地方已经让你开始喜欢上了。

32. 对你来说，有没有一些事情是严肃到不能开玩笑的？

33. 假设你今晚就要死了,而你再也没有机会和其他人交流,那么你最后悔没有告诉别人的是什么事?为什么还没有告诉他们?

34. 你的房子着火了,你所拥有的所有东西都在里面。在救出了你的亲人和宠物之后,你有时间能够最后一次冲进去安全地救出最后一样物品,那将会是什么?为什么?

35. 在你所有的家人当中,谁的死对你的打击最大?为什么?

36. 分享你人生中的一个问题,问对方遇到这样的问题会怎么做,同时也请对方告诉你,在 Ta 看来,你对这个问题的感受是什么?

实验过程：自我暴露是如何帮助我们走近彼此的

兴趣爱好

自我暴露的第一个层级是兴趣爱好。

> 秘密问题1：有没有你长久以来梦寐以求的事情？为什么你没有去实现？

这是一个比较容易回答的问题，几名参与者的回答都很简单：

"我想去跳伞……"

"我喜欢唱歌，我想当歌手……"

"我想要去跑马拉松……"

"我很想很想学好英语……"

"平时最大的爱好就是去登山，想去尝试一下爬珠峰……"

那么谈论兴趣爱好能让两个人迅速变得亲密一点吗？

态度

　　自我暴露的第二层级是态度，被随机配对的两个实验参与者，是否会通过交换态度和观点变得更加亲密呢？

秘密问题 2：假如可以改变你成长过程中的任何事，你希望有哪些改变？

　　1 号女生：那我可能想从一开始就变成男生，因为我觉得当女孩子太烦了，别人会对你有各种要求。

　　1 号男生：比如呢？

　　1 号女生：比如我爸爸就非常不希望我出国，他觉得女孩子出国就不回来了，觉得他的孩子出国了，就不属于他了，就离家太远太远了。如果成为男生的话，那很多事情我想做的话就可以做，就可以得到支持了。

1号男生：其实对男生来说，在中国当前的环境下，压力也是很大的，就是你不能脆弱。

秘密问题3：关于未来你可能怎么死，你有自己的秘密预感吗？

4号男生：其实，我一直觉得自己会早死，因为我一直觉得自己是个天才，天妒英才，所以会早死。

秘密问题4：对你来说，有没有一些事情是严肃到不能开玩笑的？

6号男生：我的偶像，有的人真的会拿这个开玩笑，看轻他们。

秘密问题5：爱和感情在你生命里扮演着什么样的角色？

5号男生（感觉是道送命题）：我没有感受过那种不顾一切地为一个人付出或者是不考虑自己、不考虑任何事情，就是想要对一个人好的那种感情，当然，我也不祈求对方对我有这样的感情，反正就是随缘。

5号女生：对，你是双子男。

5号男生（笑）：那怎么了？

5号女生：我可能是你刚才说的那种人，就是喜欢一个人的时候会想把全世界最好的东西都给他。

5号男生：我前女友就是个付出型的人，她为我付出了很多，对此，我很感动也很感激，但是我不会因此更爱她。

> **秘密问题6：假如明天早上起床后，你能获得任何一种能力或特质，你希望是什么？**

3号男生：我希望能拥有读心术。

3号女生：我刚刚就在想你会不会说读心术，我太了解天蝎座了。那你直接问不就好了吗？你需要读心术干什么，为什么要猜呢？

3号男生：因为我会慌。

3号女生（笑）：你慌的话就直接问啊，你有办法，你长嘴是干什

私密问题
假如明天早上起床后，你能获得任何一种能力或特质，你希望是什么？

么用的，天蝎座就是这样。

3号男生：那你呢？

3号女生：我觉得这都不是问题，我三天前刚刚跟我第一个喜欢的男生表白，我首先发现的他的特征是他的鼻毛，就是在所有人都说他长得很帅的时候我发现了他的鼻毛，我就当众说他有鼻毛，然后一天之后我就托他的好朋友给他送了一个鼻毛剪刀，所以他拒绝我，我想应该也是有原因的。

从这里开始，节目开始好看了，就是从一开始的有点尴尬，变得有交锋，有冲突了，每个人都亮出了自己的态度，比如5号男生谈到了自己的前女友，说自己没有爱的能力，给自己下了这样一个定义。而当他这样说的时候，他其实还是在传递某种信息，即"我希望别人能了解我"。这种矛盾心理其实并不难理解，即有时我们很害怕亲密关系，也许这种害怕来源于我们已有的经验，那这种时候我们就会给自己身上安一个壳，用这个壳来保护我们，但是这个壳在保护我们的同时，也把我们跟别人隔离开了。这不是一种那么好受的状态：我一边用壳来保护自己，一边渴望着某一天，有一个人能把我从壳里拯救出来。这可能是他在成长过程中培养起来的对情感的一种特别的保护机制。

3号女生送给她喜欢的人一个鼻毛剪刀，然后说："我也能理解为什么他会拒绝我。"

在陈海贤老师看来，在她心里也有她的怕，她是在用一种贬低的方式来表达对对方的兴趣，用嫌弃的方式来表达"我想接近你"，这是不是很奇怪？但是如果你知道她心里有怕，那你就能理解她的举动。因为当我们喜欢上某个人的时候，就会想，万一Ta拒绝我怎么办，万一Ta没看上我怎么办？所以我们就会把自己放到一个高高的、安全的位置："我"好像是安全的，而"你"反而被我贬低。她想保护的是什么？是"这个男生拒绝我了，我也不会这么难受"，可是这个保护的动作本身就引来了拒绝。其实爱和怕是我们所有人都会有的，我们也总是在爱和怕之间寻找平衡。我们这个时代有各种爱的形式、各种表达浪漫的形式，可是它又是一个"怕"盛行的时代。就比如在看到一个喜欢的人时，我们会反复告诉自己"我不够好"，或者"你不够好"，抑或有时候我们会想"我们真的能相爱吗""我们能走到一起吗""我们能相处得来吗"……我们会思考很多很多的问题，可就是不走近彼此。这就是各种各样的怕。

> **陈海贤金句**
> 怕有两种形式，第一种是告诉自己我不好，第二种是告诉自己你不好。

家庭与人际关系

自我暴露的第三个层级是家庭与人际关系，谈论这么内心的话题，两个陌生人之间会变得更加亲密吗？

秘密问题 7：在你所有的家人当中，谁的死对你的打击最大？为什么？

3 号男生（沉默了很久）：奶奶过世的时候是 2012 年，那年我 26 岁，你可以很清晰地感觉到，这个人没有了，当天晚上 12 点钟左右，我突然听见我姑姑喊"妈妈",我本来已经快睡着了,但听到那个喊声我就知道不好了,我们把奶奶送到医院打了一针强心针,但还是没有办法了。即便在此之前你已经照顾了她10年,但依然无法缓解心中对她的想念。我觉得这个问题让我有一些意外,没想到在关于互相了解的问题里面会涉及生离死别的话题。

> **秘密问题 8:用四分钟的时间,尽可能详细地向对方讲述你的人生故事。**

5号男生:活到目前为止,我活得比较颠沛流离,居无定所……

5号女生:我还是很好奇你这样的成长经历会给你带来什么样的内心感受,因为我的家庭很稳定,也充满了爱。

5号男生:在这一点上,我应该跟你是完全相反的,我小时候我爸妈就离婚了,我一直跟着我爸,我妈根本不在国内,所以我很少见到她。我妈只能通过电话来表达对我的爱,除此之外我的生活是一种完全自理的状态,基本上从小到大都是吃外卖,所以我现在对吃外卖很习惯。

5号女生:这个事情我很难讲,可能跟我的成长经历有关吧。我爸爸在我 6 岁的时候出车祸去世了，我妈妈包括我的外婆为了我牺牲了很多。当时可能不觉得，我所能想的就是做好我自己，但是回过头去想，虽然可能也会有一些比较难的时候，但总有人会帮你。

5 号男生：感觉出你是个很感性的人，其实我很羡慕你这一点。

在实验结束后的采访中，5 号女生表示，一开始确实有些不太敢说，只能用笑声来掩饰尴尬。但是从对方分享自己的成长经历开始，自己对这个男生的印象就有了一些变化："他的坦诚也是在示意我'你向我这里走来一步，我这里开着一扇门'，所以我也会说'原来你的世界是那样的，你看看我这里'。"

而 5 号男生则表示"她是一个很有爱的人，感情很丰富，很暖，相当于是我的另一面，有种这样的感觉"。

> **秘密问题 9：你的家庭关系亲密温暖吗？你是否觉得自己的童年比大部分人快乐？**

5 号女生（毫不犹豫地说）：特别亲密温暖，我不知道别人快不快乐，但我觉得我还是挺快乐的，我并没有因为家庭成员的缺失而觉得自己少了什么。

5号男生：我的情况跟你恰恰相反，我的家庭关系绝对谈不上亲密温暖，就像我跟我爸，可能没有正事，我们都不会联系的。虽然我们生活在同一个城市，但并没有住在一起，很长一段时间，除非特别有必要，否则我们就没有太多感情交流，但我还是能感觉到他是很爱我的。

在实验后的采访中，5号女生表示："他可能跟我正好相反，所以他不知道该怎么去爱别人，他对别人的付出，需要别人先给予。"

2号男生：我的家庭关系很好，我们家是一个很大的家族，我爸爸有五个兄弟姐妹，我们都是住在一起的，就是那种很小的房子，就那样挤在一起，但每天也过得很开心，以后要买一个特别大的房子，然后所有人都住进来。因为等到老了之后，这些老年人聚在一起，每天有说有笑，会活得很开心。

2号女生：很小的时候，在我回国之前，我几乎见不到我父亲，我父母都是独生子女，我从小就没有见过我的爷爷奶奶。我们家很简单，父母之间的关系也很职业化，我们家人在一起精神上的交流比较多，会聊政治、经济。刚回国的那几年很黑暗，不会讲中文，说话都是倒装句，大家就会觉得你是个笨笨的人，即使你能理解，但你表达不了你想说的东西，那段时间真的很痛苦。但后来发现，我改变不了环境，而只能适应环境。这个过程让我很小就知道如何和人交流，如何表达自己的观点。

在采访中，2号女生表示"尽管我觉得我们的价值观很不一样，但我觉得他是一个很好的人，很细心，很会照顾人"。当被问到"有没有什么问题，让你对她的印象起了变化？"时，2号男生回答："我特别羡慕她和家人的关系，因为我也希望我将来的女朋友，她的原生家庭很和睦、很幸福，我会很看重这一点。"

其他参与者也针对实验谈了自己的看法：

"很少和朋友聊这么深入的话题，比如说家庭，其实她跟我的人生挺像的……"

"可能刚开始会有一点不舒服，但是后来就觉得还好，就会知道两个人之间也有一些共同点……"

"之前我可能觉得他是一个以自我为中心的小孩，但是刚才聊天的时候聊到害怕失去哪个人的时候，我发现他其实对父母的感情很深，他并没有那么自我中心……"

"我们对亲情、友情、爱情的态度是差不多的，所以有时我跟她的答案虽然说法不同但其实是差不多的……"

"她开门见山地说，恋爱很重要，跟恋爱比起来，朋友没那么重要，她很坦诚地说出来这一点，让我觉得很有趣……"

> "其实我对一个人的评价很难在一段时间内发生很大的变化，但我在问那些问题的时候，我会发现他不同的一面，我就会对他有改观。"
> …………

在这个阶段我们能够看到，他们的怕其实在渐渐消融。比如 5 号男生，他说他从小就颠沛流离，很早的时候父母就离婚了。虽然只有短短的两句话，但这背后其实有很多的不容易，因为他父母很早就离婚了，所以他学到的东西是，亲密关系不是那么温暖的，亲密关系中有很多伤害和怕。所以当他说这些的时候，他其实是在向这个女生表达或者袒露自己比较脆弱的一面。要知道我们在向别人袒露脆弱的时候，其实也表达了一种很深的信任。这个女生也接收到了他的信号，所以她表达了"那我也向你走近一步，让你来看看我的内心世界"的意思，她也讲到了自己的很多不容易，比如 6 岁的时候父亲去世了，这是她心里一个很悲伤的地方，所以两个人好像在他们悲伤的地方找到了一种共鸣。

在这段聊天中，还有一个场景值得一提，就是 2 号男生在面对关于死亡的问题时愣住了，那为什么这 36 个问题中会有关于死亡的问题呢？

在陈海贤老师看来，死亡跟亲密关系本身是有一些很深的联系的。

他讲了这样一个纪录片,叫作《四个春天》。这个纪录片以真实的家庭生活为背景,讲述了导演陆庆屹以自己南方小城里的父母为主角,记录他们四年里的日常生活故事。这个家里有一个姐姐,有一年,这个姐姐生病了,而且是很重的病,所以他们一家人就在医院里陪她,有一天姐姐突然从床上坐起来说"妈妈我害怕",然后她的妈妈就抱住她说:"女儿,不要怕,爸爸在,妈妈在,弟弟在,亲戚们都在,我们都爱你。"你会发现她安慰女儿的方式是很特别的,她说的不是"你的病会好",而是"我们在这里"。后来这个姐姐真的去世了,在她去世后的那个春节,除夕的时候,他爸爸妈妈就放了一把椅子,说这是代表姐姐的。从那之后,每年春节他们就多了一项活动,就是去给姐姐上坟,从最开始的时候很悲伤,到慢慢地开始能够在坟前唱歌。尽管现在科技发达,有很多技术手段,可是从古至今我们都有一种很独特的对抗死亡的方式,就叫"在一起"。

我们都会面临死亡,但是当你知道家人都还在,你心里就会有一点点踏实,因为你知道会有人记得你。这里还有另一层意思,就是当我们谈起死亡这类令我们焦虑的事情时,我们人自然就倾向于彼此靠近。亲密关系最重要的核心就是,我们人是要学习相互依赖的。

> **陈海贤金句**
> 面对生老病死，人有自己的办法。这个办法就叫：在一起。

隐私

自我暴露的第四层级是隐私。我们的实验参与者真的会将隐私说给一个第一次见面的陌生人吗？他们的关系会因此更亲密吗？

| 秘密问题 10：和你的搭档分享一件生活中令你尴尬的事情。

6 号女生：我经常会帮我爸订机票，要填他电话，结果有一次我跟前男友去开房的时候平台的信息发到了他的手机上，房间号什么的……

1 号男生：我其实挺想谈恋爱的（1 个小时前，他还说"其实也不是很着急"）……

这一段其实就进入了自我暴露的第四层级，那为什么要把隐私这么尴尬、这么难讲的事情作为建立关系的一个手段呢？

在陈海贤老师看来，人很难面对的一种情绪就是羞耻感，当我们分享这些尴尬时刻的时候，其实是有一个前提的，就是我们相信对方是能"接得住"的，因为如果他和其他人一样嘲笑你，那对你来说就会是一个很大的伤害。可是有时候，我们心里很难接纳的情感，是通过别人接纳，我们自己才接纳的。通过你接纳了我不好接纳的情感，我也接纳了它们。本来这是我的秘密、我的隐私，现在变成了我们的秘密，经由这样一个过程，"我"就变成了"我们"。

> **陈海贤金句**
> 因为你接纳了我，所以我才能接纳我自己。

秘密问题 11：分享你人生中的一个问题，问对方遇到这样的问题会怎么做，同时也请对方告诉你，在 Ta 看来，你对这个问题的感受是什么？

4 号女生：2012 年的时候，我认识了一个男生。我很欣赏他，现在我每周偶尔能见他一次，我们并没有在一起，但我很享受现在这个状态，就是要死不死，反正没人管，但一旦你踏出这一步可能就真的死了，就是你可能连念想都没有了，我很怕这个。哪天他结婚了我就去参加，我不是非要跟他怎么样，我可以的。

4号男生：是很难，这东西（感情）还是看你心里想要的是什么。

4号女生：你呢，你想要什么？

4号男生：我是一个把成功看得很重的人，每天都会想要不要成功，会不会成功。我心里其实一直有前任。她（现在）很好，我现在的想法是我们各自安好，但是我希望有一天我能够用我的成功来证明给她看，她所有不理解我的、所有错看我的，都被我的成熟和时间的历练带走了。只是没有人能给我答案，我什么时候能做到这些，我很害怕自己像夸父一样最后也追不到太阳，人生就在这不断追逐的过程中露出了光芒又消失。这是一个让我很纠结的问题。

4号女生：我觉得这是一个阶段，我也有过，我反正是相信一个人的一生是注定好了的。

在实验后的采访中，4号男生表示"可能是因为她年龄比我大，比我看待问题成熟一些，所以在这方面突破了我一开始的一些印象"。而4号女生则表示"25岁对女生来说是一个比较尴尬的年纪，25岁之后，就不太愿意跟异性朋友聊一些东西，能够聊这么多的人很少"。

在这一段对话中，我们能够看到，两个参与者都提到了对前任的念念不忘。两个陌生人之间聊到这个地步是不是已经变相说明"我们之间不可能了"呢?这让我们这些"吃瓜群众"心里有了些许失落。

对此,陈海贤老师是这么解释的:"他们也许不会成为伴侣,但这没有关系,因为这个实验的本质考察的是,我们是怎么带着心里的怕慢慢走近彼此的。走近彼此可以有很多种形式,也许是成为情侣,也许是成为可以分享秘密的朋友。"

"4号男生和4号女生都讲了自己心里的那个人:一个是前任,一个是暧昧对象。讲前任的这个男生说'我把成功看得很重',可是他所有的成功,都是为了有一天去向他的前女友证明'我可以'。这说明前女友在他心里还是一个很重要的人,可是你要想想这件事情悲伤的地方在哪里?他那么努力地向前女友证明他自己,我不知道他的前女友还在不在乎,也许已经不在乎了,或者至少她已经不在这段关系里了,所以他其实是想向自己内心的挫折证明:我其实是可以的。

"4号女生也很有趣,我觉得也代表了一种现象。就是我明明对这个男生有意思,可是我不愿意迈出这一步,万一失败了也许连幻想都没有了。她跟那个男生没有发展真实的关系,而是把一种可能的亲密关系变成了和自己的关系,变成了她一个人的事。这样的好处是她可以有更多的控制感,可以不用那么怕会发生什么不好的事。她甚至还说了'哪天

> 怕,
> 让人把爱变成了对爱的模仿。
>
> ——陈海贤

陈海贤 但还是更愿意去接近别人

他结婚了我就去参加'之类的话。可是这样一来,也许她的情感只存在于她的幻想里,她在用幻想来安慰自己。我觉得我们内心的这些爱和怕是人类共同的经验。有些人会更倾向于怕,更倾向于为了避免伤害而退缩一点;有些人就会更倾向于爱,虽然自己有一些怕,但还是更愿意去接近别人。"

陈海贤金句

怕,让人把爱变成了对爱的模仿。

秘密问题 12：我希望可以跟某个人分享……

5 号男生：生活。

5 号女生：你希望跟某个人分享生活。

5 号男生：虽然我觉得我可能很难去恋爱，爱情是个奢侈品，但这不代表我不想拥有爱情，而且我对爱情是抱有一些完美主义的心态的。假如我遇到一个女生，可能会开始一段关系的时候，我会特别理智地去分析我们两个日后能不能很好地相处。就是在前几次见面中，我不是去感受跟这个人相处，而是去分析这个人以及我们两个人相处之后产生的那种反应。这不是说我不喜欢这样做就可以控制得住，我确实控制不住。

5 号女生：就是你的思维方式是这样子，会去权衡这些东西。

5 号男生：到底这个思维方式是怎么来的我也不知道。

5 号女生：我就不会，我就纯靠感觉。感觉好，就可以继续走；感觉不对，可能就算了。

陈海贤 | 主人公通过克服这些危险

5号男生：我觉得你这种态度挺不负责任的，到了我们这个年龄，你看女生的时间，相对来说比较珍贵，如果你就是凭感觉，而不去想一想、不客观地跳出来看一看的话，那万一你们相处了很久，几年之后发现实在相处不下去了，该怎么办？

5号女生：我觉得我还挺喜欢你这种诚实的态度的。

5号男生（笑）：感觉我就是过于诚实了，今天快要把自己塑造成一个怕死、冷漠、贪财的人了。

两个人都笑了。

到此，所有的问题都结束了，很多参与者都表示很开心能有这样一个机会去倾诉自己，也很感谢对方的倾听，因为很多问题平时很少有机会谈起。但实验并没有结束,还有最后一个环节:每对参与者要对视四分钟。

接下来的四分钟,参与者之间不能沟通、不能交流。

亲密关系是一场值得的冒险

实验结束后,四对参与者互加了微信,其中一对还共进了晚餐,在三个月后仍保持着联系。

在节目的最后,陈海贤老师说道:

其实这些问题都很好,而且很有代表性。可是我希望大家不要只注意这些问题,而是能够注意到这种形式。这种形式不是一个人完成的,不是我向你讲就完成的,它其实包括两部分:一个是我很认真地对你讲,一个是我很认真地来听,是讲的人和听的人共同完成的一件事。大家也可以想一想,你有多久没有和你的家人、爱人、朋友这样坐下来聊聊天,这样坐下来很深刻地聊聊你们之间的心事了?

这其实是一件很奇怪的事，如果它这么普遍的话，是不是？是你不在乎这个人吗？好像也不是，其实它提醒了我们一个我们经常会忽略，而实际上很重要的常识：人是渴望被看见的，人是渴望彼此靠近，通过被看见来彼此靠近的。人与人之间的关系带给我们的爱恨情仇是最真实的。从某种意义上来说，这也是我们活着的意义。亲密关系是关系里最重要的事，当我们心里有这样一个人的时候，就好像一条船，它知道背后是有港湾的。所以它能回来，它的心是很安定的。可是如果我们一直没有找到这样的人，我觉得我们的心是会有一些乱的，甚至有时候我们会不知道自己要何去何从，

> 亲密关系是一场值得的冒险。
>
> ——陈海贤

陈海贤 | 它一定是有很多的危险

我们自己是谁，人生的意义在哪里？如果说这样一个节目给了我们什么启发的话，我希望大家看到的是，他们是怎么带着内心的怕，来慢慢地靠近的，我觉得这是所有亲密关系中靠近的形式。

亲密关系是怎么来的？它一定不是我们想象出来的，也一定不是停留在理念里。即使你听了我的建议也不会有什么帮助。亲密关系是你要走的路，我经常会用一个比喻，亲密关系其实像是一场冒险之旅，它一定会有很多的危险，有很多的问题，有很多的矛盾。可是所有的冒险之旅，危险都不是重点，主人公通过克服这些危险来获得成长，才是它的重点。所有的冒险之旅，本质上都是自我成长之旅，所以你就会在从最开始的怕到慢慢进入，积累经验，然后慢慢地走的过程中，收获很多真实的亲密关系的感觉和经验。你自己也会因这些经验获得很多的成长。

> **陈海贤金句**
> 亲密关系是一场值得的冒险。"我"的秘密变成了"我们"的秘密，"我"就变成了"我们"。

You & Me
映照彼此

Win / Win
输赢不重要
双赢才重要

Love is love
世上不存在错误的爱情

Me We
我变成了"我们"

Love is love
世上不存在错误的爱情

100万人里,至少有6000个适合你的理想配偶,生活不是爱情小说,你不是只有唯一的那个爱人。

世上不存在错误的爱情,只有错误的维护和经营一段关系。

不好的分手,是你一直活在这段关系里,好的分手,是这段关系变成了回忆,活在你的心里。

我的秘密变成了"我们"的秘密,我就变成了"我们"。

>>> chapter 4

一见钟情是种"爱情错觉",
制造心动不如先制造心跳

本章看点

- 在长短期关系中,男女对择偶的偏好有什么差异?
- 当提供养育资源不再成为女性繁衍后代的限制条件,单亲妈妈是否可以成为一个主动选择?是否可以帮助女性享受更平等的生育权?
- 爱情是不是婚姻的必要条件?
- 爱情是否有科学的定义和固定的标准?
- 在性问题上,男女为何会有双重评价标准?

引言

当被问到"你觉得 Ta 什么时候最有魅力?"时,有人回答"她做好饭叫我吃饭的时候",还有人回答"她答应做我女朋友的那一刻"。而当被问到"你觉得什么会损害一个异性的魅力"时,有人回答"幼稚",有人回答"唠叨",还有人说"话说不到一起去,沟通困难"。那么,究竟是什么在左右着你的魅力呢?

如果摘掉一切浪漫的光环,男女恋爱到底在爱 Ta 的什么?进化心理学试图在这个问题上提供一个最本质的答案。

对一切生命形式来说,传递基因、繁衍后代是其终极使命。围绕这个使命,人类在漫长的进化过程中形成了稳定的择偶偏好。从长相身材到性格品质,雄性看重"能生",雌性看重"能养",为此,男女关系发展出了特定的形式,婚姻无疑都是最终的走向。

但随着社会文明的发展,越来越多繁衍之外的情感需求不断觉醒。男女为争取满足这些新需求的权利展开过漫长的斗争和协商。

而两性的差异和错位似乎永远存在,这使得现代男女一边挣扎在渴望婚姻又痛恨婚姻的矛盾中,一边探索着更多元的关系形式。

在这一章中,我们将通过还原经典实验"吊桥实验",以及对实验参与者的问卷调查,来揭示人在什么样的情绪状态中,会更容易对异性心动,以及两性择偶偏好的普遍差异。吊桥实验将揭示男女彼此吸引的激情从何而来,问卷调查将揭示男女彼此远离的隔阂从何而生。借由这两项观察,本章将探讨男女要维持一段亲密关系,可以发展什么样的相处模式。

还原"吊桥实验",从心跳到心动

实验设计思路

心理学家曾在加拿大的卡皮拉诺吊桥上,做了一个浪漫的实验。那是一座危险的吊桥,往下看,吊桥的正下方是 70 多米深的河谷。吊桥在风中来回摆动,让人不由自主地心跳加快,紧张出汗。一位漂亮的女研究员站在吊桥中间,拦下一些独自过桥的男性,邀请他们根据一张图片,编一个小故事。然后这名女研究员在一座 3 米高的小桥上"故技重

卡皮拉诺吊桥

施"，当然，出现在这座小桥上的男士们要平静得多。心理学家发现不同的外界情境会影响女研究员对男性的吸引力，而证据就藏在男士们编写的故事里。

我们招募了 12 名男士来重现这个实验，他们被分为两组，要分别前往两个截然不同的地方。但所有男士都会遇到同一名女性，并被邀请看图编故事。两组男士编写的故事会有什么样的差别呢？为什么能暗示他们是否对这位女士怀有好感？究竟哪一组男士会上演一见钟情的桥段呢？

我们基本按照原实验流程重复实验，但基于客观条件限制，我们把两座桥换成了两个和地面有距离的开放式空间。

A 组的实验地点在北京市平谷区的石林峡,石林峡主峰高达 768 米,悬挂着一座透明玻璃栈道,距离崖底 400 多米。B 组的实验地点在一家咖啡厅二楼的露台,距离地面不到 4 米。

两组男性在各自的实验地点都会遇到同一名女性,并被邀请参加"深处风景名胜区对人们创意化表达的影响"的研究,需要他们填写一份调查问卷。

该问卷分为两部分:第一部分要求填写与本实验研究目的毫无关联的六个信息:年龄、学历、是否为独生子女、是否有留学经历、常住城

石林峡玻璃栈道

是目前世界上最大的玻璃观景台

市、之前是否来过这里（以避免实验参与者猜出本实验的真实研究目的而影响实验结果）；第二部分要求实验参与者根据一幅图片的内容编写一个故事。

清华大学心理学系师生组成的问卷分析小组将对故事内容进行编码和分析，如果在故事中出现了较多和性相关的内容，则证明该实验参与者对遇见的那位女性产生了性唤醒，认为她有魅力。

对于这个实验设计，彭凯平教授解释道，心理学研究发现，尽管人类的生理反应产生的条件可能不一样，但当事人的反应是很一致的。在紧张的环境中，我们会产生强烈的生理反应，比如心跳加快、手心出汗、面色潮红。但是我们见到漂亮的女性，其实也会出现这样的反应。那在高空中见到漂亮的女性，我们会如何解释自己所产生的生理唤醒呢？是因为恐惧，还是因为对方的魅力？如何去解释这样的唤醒，产生的影响会有很大不同。

过去，为了弄清楚实验参与者产生生理唤醒的原因，我们通常以自我报告的形式，听其陈述自己的感受，但是后来，心理学家发现这种自我报告"不太靠谱"——参与者往往会隐藏自己的真实想法。所以我们要借用一些投射的方法来进行间接测量，比如让其编一些故事。如果你能够想到并且采用很多与情、性、爱有关的词汇，那显然说明你觉得对方是有魅力的。如果你使用的是一些平淡无奇的词汇，那就说明这位女性对你来说没有任何的刺激作用。

实验过程

两组人在到达目的地后见到了女主角——一位漂亮的实验助理，在即将到来的第二幕中，心理学家还要安排他们共渡一个难关，让突然萌生的情愫悄悄长大。

参与者被要求在 40 分钟内完成两个任务，这两个任务对于 AB 两组基本相同：第一个任务是把 40 片散落在地上的拼图碎片捡起来，放到指定的区域内拼好；第二个任务是在完成拼图后，根据拼图的内容填写一份问卷。唯一的不同就是，A 组的"地上"是极端刺激的高空栈道！据 A 组参与者回忆，在人走动的时候，那个玻璃栈道还会抖动！令人一度怀疑"我是谁？""我在哪？""我为什么会在这里？！"

与此同时，B 组参与者思维清晰、有条不紊地捡拼图、拼拼图。压力、紧张？不存在的。

也许我们永远不会知道，当主人公们在这个平淡的夏日午后，与一位陌生的姑娘以这样奇怪的方式相遇，内心会发生什么触动。但心理学

第 4 章 一见钟情是种"爱情错觉",制造心动不如先制造心跳

A 组参与者实验现场

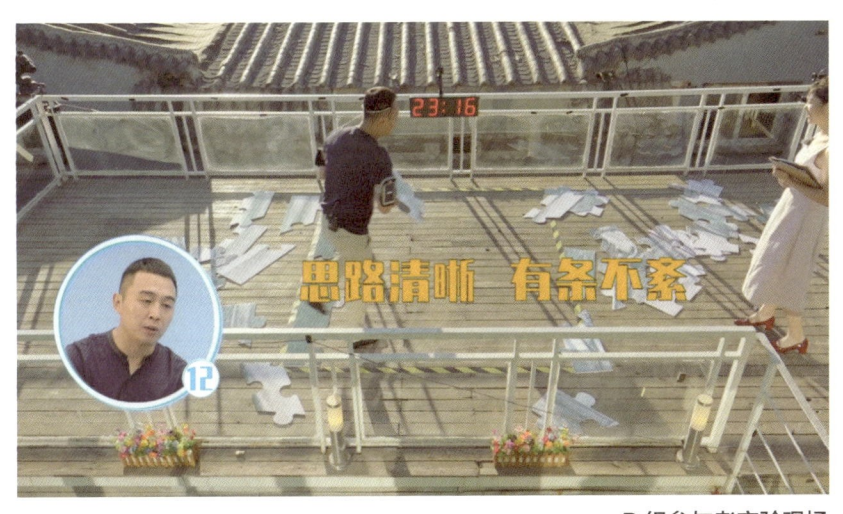

B 组参与者实验现场

家相信，可以从他们完成的拼图中寻得蛛丝马迹。

这幅画看似平淡无奇，但其实内含玄机。这利用的是心理学家默里在20世纪30年代发明的一套测量方法，叫作主题统觉测试。简单来讲就是给人看一些主题不明、不知道什么意思的图片，让他们根据图片编故事。根据他们所编故事的情节、逻辑、思路、语言表达，我们可以推断出他们内心的情感、欲望和冲突等。如果这个人所编的故事中大量出现了"女朋友""情人""妻子""接吻""拥抱""握手"等词汇，那显然情爱的唤醒程度是非常之高的。我们的参与者们都会编出什么样的故事呢？我们一起来看看。

A 组参与者所编的故事：

A 组 3 号：这是一个家庭主妇，丈夫出轨了，所以她就出去酗酒，到家的时候酒劲已经过了，然后剩下的就是头疼。

A 组 2 号：她把门推开一点，发现自己的老公出轨了，然后就在那里扶着门难受。

A 组 5 号：这是一个绝望的女人，一个回到家绝望的女人，跟一个男人相爱、相恋，到最后发现这个男人背叛了自己。

A 组 1 号：我是一个戏特别多的人——这个女人在街上遇到了她的前任，然后那个男人的现女友出现了，他就说"这是我女朋友"，还问这个女的"你现在有新感情了吗？"这个女人就愣了一下，然后支支吾吾地说"我也有"，几乎是逃离了那个场景，回到家就控制不住情绪了。偶像剧，都是这么演的。

A 组 6 号：（这是）一个已婚妇女，在家做饭，做完饭老公回来不爱吃，把桌子掀了，她感觉挺委屈，趴在门口哭。

A 组 4 号：（这个女人）工作一天回到家，看见一个凌乱的房间，一个已经玩累了、睡着了、邋遢的儿子，旁边还有一个什么都没有干的老公。我想她的愤怒已经接近极点了。

B 组参与者所编的故事：

B 组 12 号：她可能是失去了自己心爱的男人，不知道明天该怎样过。她失去了依靠。

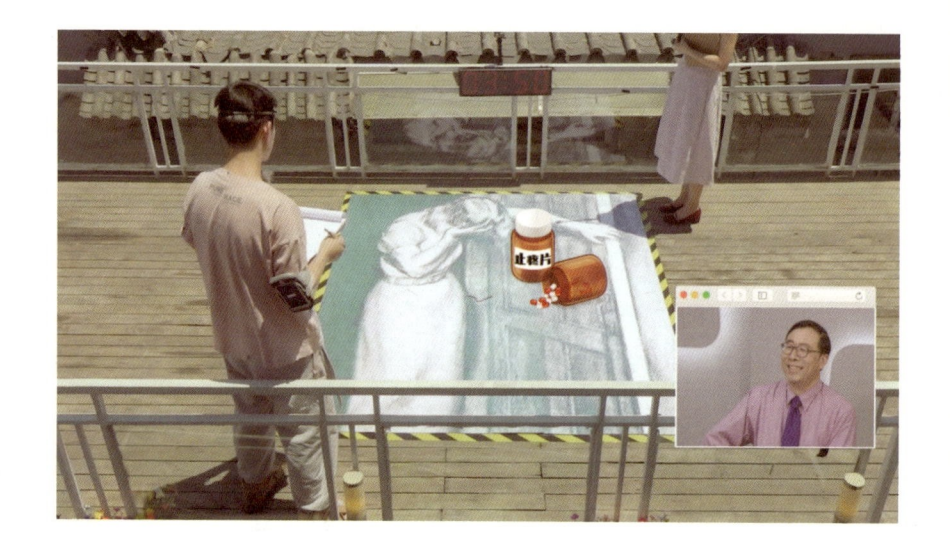

B组9号：我的第一反应是她头痛了，该吃止疼片了。

B组7号：（这是）一个渔夫的妻子，做好了一桌子晚餐，很丰盛，结果却收到了噩耗——她丈夫在海上失踪了。

B组11号：我记得第二次世界大战期间有一个妇人在家，突然有一个德国兵上门，敲开门发现是一个美丽的妇人，就意图不轨……

B组8号：我想的是这个女孩是个姐姐，在家中跟自己的妹妹一起玩，玩的过程中不小心把妹妹从楼上推下去了，妹妹当场就死了。

B组10号：（这是）一个匆匆忙忙的上班族，可能着急去上班，但是出门之后发现落了东西,她又回去拿东西。我觉得这个人是在扶着门框拍脑门:我最近怎么这么爱忘事……

利用"吊桥实验",让你爱的人爱上你

以上就是两组被试所编的故事,那这两组故事在心理学意义上有没有区别呢?清华大学心理学系问卷分析小组对故事进行了编码、分析,我们来看看实验结果。

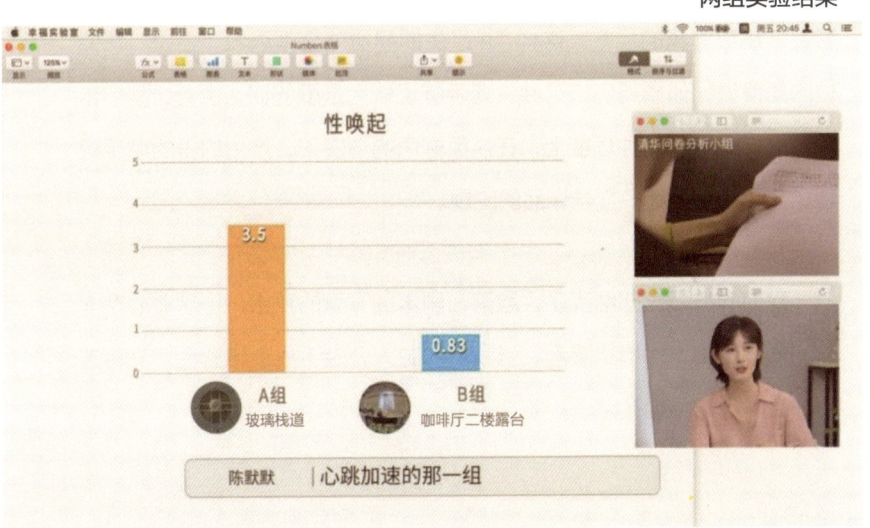

两组实验结果

从实验结果我们能够看出，A 组男性（在距离崖底 400 多米的玻璃栈道上的男性）性唤起的程度更高。这与原实验结果一致。

在现实生活中，这种情况经常会存在。对同样的生理表现可能会有不同但都合理的解释，有时，人们会很难确定自己的生理表现是由哪一种因素造成的。由于难以准确地指出自己生理表现的真正原因，人们会产生对情绪的错误认识。

在彭凯平教授看来，这个实验给我们的一个很重要的启示就是，从积极的角度来讲，如果你希望心仪的对象对自己产生强烈的爱的感受，可以带 Ta 去看一场恐怖电影，或者是去一些可怕的、让 Ta 能够心潮澎湃、热血沸腾的地方，这样 Ta 产生的感觉就会很强烈。但是，从消极的角度讲，如果我们将这种生理唤醒误认为是爱的话，也会给我们带来盲区。所以在某种程度上，在疾风骤雨的情况下，产生的爱的感受很难长久。这也是很多文学作品的主题。

我们的故事全部结束了，散落在剧本细节里的秘密，传递着心理学家的爱情逻辑，而情路漫漫，当我们的主人公走下栈道和露台，又将走向什么样的结局呢？

两性挑选伴侣的普遍差异研究

问卷调查设计

为了观察两性挑选伴侣的普遍差异，在专家的指导下，我们在实验前的一周，还邀请了参与实验的男士以及他们的女朋友进行了同一系列的问卷调查。这些问卷来自进化心理学领域的经典研究，我们将看到，男女为何大不相同。

问卷一：假设你现在是单身，并想发展一段短期关系。表 4-1 罗列了关于伴侣的 24 项特质，请根据你的需求为每项特质进行打分，范围为 0~10 分。选项得分越高，代表你越看重短期伴侣的那项特质。

表 4-1　　　　　　　　　　男女择偶偏好问卷

特质	评分
1. 有权势	
2. 高社会地位	
3. 受欢迎	
4. 富有	

续前表

特质	评分
5. 良好的遗传	
6. 好的收入能力	
7. 强势	
8. 善于持家	
9. 本科以上学历	
10. 外表吸引力	
11. 智力	
12. 性感迷人	
13. 令你感到兴奋的个性	
14. 创造力	
15. 幽默感	
16. 友善	
17. 随和	
18. 雄心壮志	
19. 情绪稳定	
20. 健康	
21. 想要孩子	
22. 宗教信仰	
23. 宽容和理解	
24. 积极性	

问卷二：假设你现在是单身，并想发展一段长期关系，请再次为那24项情侣特质进行打分。选项得分越高，代表你越看重长期伴侣的那项特质。

为了对比男女对伴侣的偏好到底有什么不同，我们把24个特质划分为五个维度，分别是身份地位、吸引力、友好度、健康和家庭导向（如下图），然后我们分别对这五个维度进行统计学分析。本次实验的问卷统一交由清华大学心理学系问卷分析小组进行编码与分析。结果显示，在长期关系中，男女偏好具有显著差异的只有吸引力这个维度，男士们比女士们更看重伴侣是否有吸引力，在其他四个维度上的偏好并没有太多差别。在短期关系中，男女偏好具有显著差异的只有身份地位这个维度，女士比男士更看重对方是否有钱、有社会地位等，在其他四个维度上并没有太多差别。

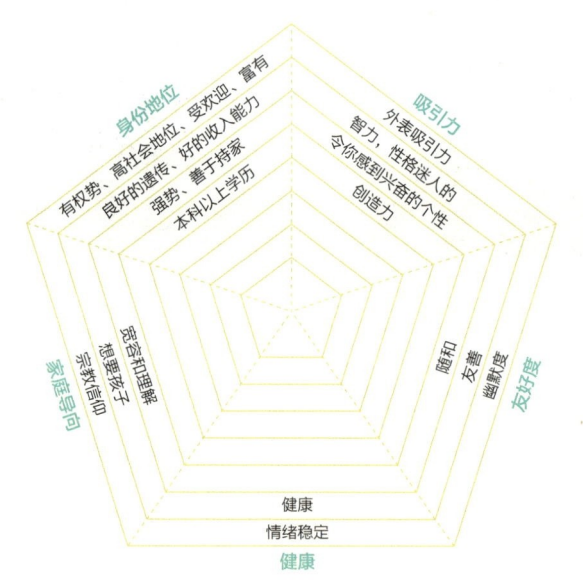

身份地位：有权势、高社会地位、受欢迎、富有、良好的遗传、好的收入能力、强势、善于持家、本科以上学历

吸引力：外表吸引力、智力、性格迷人的、令你感到兴奋的个性、创造力

友好度：随和、友善、幽默感

健康：健康、情绪稳定

向往家庭：宽容和理解、想要孩子、宗教信仰

伴侣特质的五个维度

在采访中，我们发现，女性首先注意到的是男性的财富，或者他有没有上进心，而男性对女性的期待并非如此。这时差异就体现出来了。因为对于长期关系的选择，一个很重要的预期结果就是生儿育女。心理学家发现，在生儿育女的过程中，男人和女人需求的资源是不太一样

的：男人的精子无限，而且廉价；女人的卵子有限，而且珍贵。女性一辈子能够产生的卵子是很少的，一个月排卵一次，怀孕以后至少有九个月不排卵，而且养育孩子投入的时间和精力也是无限的。远古时期，女性生完孩子后无法完全通过自己去获取足够的养育后代的资源，她需要男性来提供养育资源。因此女性需要掌握一些线索来确认男性是否真的拥有相应的资源，经济资源的多寡是最明显的线索之一，所以说女性择偶看钱是一种进化的选择。

而男性之所以更关注女性的吸引力，是因为所有对于长相、身材的偏好，内在的意义都是选择健康的基因。健康的基因体现出来是完美

的，是有魅力的，所繁殖的后代也会更加健康一些，所以男性更加看重女性的外表。因为外表吸引力在某种程度上就代表了健康的基因。

问卷背后的故事

本章实验参与者（主要是成对的情侣）在调查问卷的引导下，讲述了一些他们目前的状态和相处的故事。

是什么原因让你愿意和 Ta 发展一段长期关系

关键的陪伴

我们俩刚相处大概半年的时候，我妈突然差点去世。当时他也没有工作几年，正在起步期，按理来说不应该请那么多假陪我的，但是他二话没说买了飞机票陪我回去待了好几天。直到看我妈确实没事了，我情绪也稳定了之后，他才自己又跑回来上班了。反正就是那件事之后，我就觉得他可以。

平等与尊重

他会给我一些就业、求学方面的指导，因为他本身就是干这个的，所以会有一种行业优越感。他能力上确实是比我强一些，所以我也会觉得自己很窝囊。但我喜欢他是因为我们两个比较平等，他很尊重我，这构成了我们两个在一起的基础。

长期的依恋

女方：恋爱七年了，其实有一个阶段也纠结要不要结婚，我最开始给自己立的一个 flag 就是要么结婚，要么分手。他还是坚持说我们不要现在去结婚。在那个时候我可能会有一个想法：我真的要跟他分开了吗？我就发现那个阶段其实我是离不开他的，我也陷进去了。

男方：其实，我个人感觉我们已经有三五年处在婚姻的状态中了。除了钱，别的基本上都给了，就是说在现有的生活水平当中，我能给她的安全感，大概有百分之七八十吧。

不离不弃的信念

我四岁的时候，父亲就去世了。有一次电视上在放我父亲特别爱听的一首歌，我就记得我妈当时很冷静地从沙发上站起来，走到卧室，关上门然后锁上了，我听到她在里面好像是哭了。后来我就问我妈："对于你现在这个年龄来讲，爱情是什么？"我妈就说，我希望你未来的老婆能像我爱你爸一样爱你,你在外面闯荡,如果她能在你失意的时候不离不弃就好了。我现在的女朋友就能给我这种感觉。

共同奋斗的意愿

她家在西北地区,结婚彩礼比较高,对我爸妈来说可能是一个天价,虽然我们已经到了谈婚论嫁的地步,但是我爸妈还是提出了反对,我们后来也分开过一段时间。

但我女朋友说这个钱我们可以两个人一起攒。我觉得这是一件很了不起的事情。她昨天跟我说,需要银行卡里有 100 万的存款,她也经常跟我提她之前收藏的那个楼盘涨了几千,我就会很焦虑。100 万我觉得五年之内应该是能存到的吧。

恐婚族

女方:我有想过闪婚(35 岁),可是好像做不到,会想很多。

男方:我很害怕婚姻,害怕未知生活的不确定性。前几年有过生孩子的念头,但现在对我来说,没有这么强的意愿。因为 20 多岁的时候,我是能扛住这个责任的,因为每年都在进步,但到了现在这个年龄(36 岁),我会发现每天能保持平稳

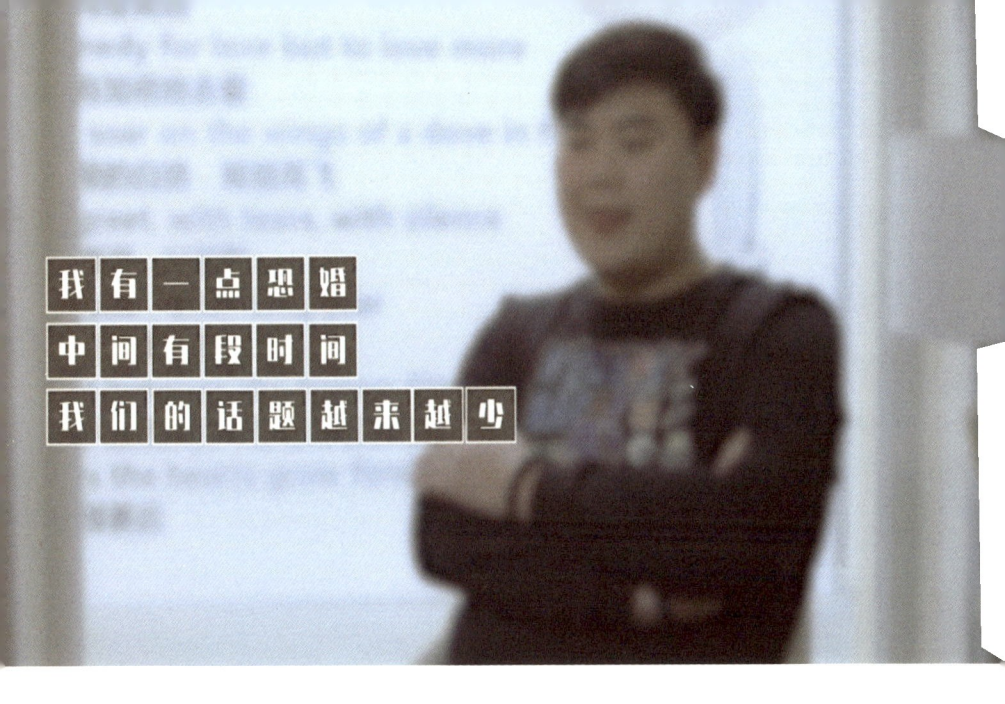

我有一点恐婚
中间有段时间
我们的话题越来越少

就已经够累了，如果再有别的压力，只会加快我走下坡路。我目前的生活目标就是和女朋友继续磨合，磨合到能结婚。

姐弟恋

女方：他比我小三岁，而且我们可能因为性别不同，思考的方式也不太一样。

男方：举个例子，她是女儿，但是她老把自己当儿子使，她非要玩命挣钱，给她妈在北京买房子，我说这应该是我干的事，你那么玩命没有意义，我们在北京有两三套房，把你妈接过来住不就行了？

女方：其实我不需要男人为我花太多的钱，我自己能养活自己，就是对于这种关系，我是希望两个人可以更平等一点。

男方：她给我的规定是 2025 年之前结婚，她比我大，那会儿她 32，但是如果到那时我还一事无成、普普通通过日子的话，我也尊重她的想法。如果她想找个更好的，也是人之常情。

恨嫁畏娶，分合多次

女方：我们分过几次手，因为他不想结婚，但后来又复合了，人嘛，好了伤疤忘了疼。

男方：我自己内心深处知道，我跟她有很多矛盾，很多就是原始性格上的矛盾，甚至是价值观的矛盾。我不是说两个价值观不同的人不能在一起，而是觉得需要时间去磨合，理解对方。我们俩现在还不知道协商，整天只会吵架。

女方：网上有个段子，说一个女孩子，当她第一次看到一个男孩子的时候，就开始想象他们以后白头偕老的生活了。其实这一点都不夸张，但是男生通常是走一步看一步的，他只是想用他的眼睛去看看现在发生了什么，其实他脑子里什么想法都没有，这与女生是完全不一样的，男女这种错位是一定存在的。

男方：她想要的是结婚证那张纸，她觉得那东西能给她带来安全感，但其实我的理性告诉我那不能，能给她带来安全感的是我。我一直都在准备，只要哪一天我觉得，她能在我这里得到真正的幸福，我一定会给她这张纸。

不婚男女

女方：在我们恋爱四五年的时候，很多人就说，你们俩应该了解得差不多了，包括两个家庭也了解得差不多了，你们应该结婚了。当周围的人不停地跟我说这些的时候，会让我觉得有点慌，觉得自己也应该跟上大家的步伐。但他觉得结婚他要承担的责任更大，压力也更大，因为我们两个都是独生子女。

男方：其实我们已经在婚姻的状态里了，我们也办过婚礼，唯一没有做的就是领证。整个社会最脆弱的关系就是婚姻关系，所以才需要法律来保护婚姻。其实我们俩之间的关系已经超越了那种需要法律来保护的关系。

离婚后，不再以婚姻为必需品

男方：我之前离过婚，我和前妻在生活理念、未来的生活方向、寻求的发展空间，还有以什么形式去生活、在哪里生活等方面都无法达成一致，所以我们最后决定还是分开。没结婚的人可能都会觉得,婚姻是一个必然的东西,对此我想说,即使婚姻确实是一个必然的东西,你也不要先用这个"必然"去引导你寻找一段婚姻。如果你持有这种态度,那通常婚姻都不会太幸福。

女方:之前我妈跟我爸说,你 26 岁之前不能结婚,我问为什么?他们就说反正你就是不能结婚。我说行吧,反正我 26 岁没打算结婚,但一到 27 岁,他们就说你得抓紧时间了,你找一个差不多的就结婚吧。我自己倒不急,尤其是我这么多年,看着身边的一些朋友,他们的婚姻状态,再加上我男朋友的经历,我就觉得婚姻不是一个急得来的事情。

男方:在我心底,我还是想再去追求一段婚姻的,但我不会把婚姻当成一个必需品,不会觉得我必须要结婚,我会去寻找一些我认为适合我的、对的东西。

两性在择偶问题上的其他表现

男性希望更快发生性关系,也更偏爱临时的性关系,而女性在挑选性伴侣上更挑剔

心理学的研究表明,男性希望更快发生性关系,也更偏爱临时的性关系,而女性在挑选性伴侣上更挑剔。从进化的角度看,男女都是为了传递基因而发生性关系,但两者的需求其实很不一样,除了前面提到的精子无限且廉价、卵子有限且珍贵的观点,还有男女两性所面临的风险差异。当一个受精卵在母体里成长为一个三四千克重的婴儿,女性不仅要全程提供营养,还要面临难产死亡和产后抑郁的威胁。而男性完全不需要承担生孩子的风险。孩子出生之后,最初的哺乳、抚养、保护和喂食,等等,都是女性的职责。最浅显的经济学理论告诉我们,拥有宝贵资源的一方是不能随便付出的。所以,拥有更多宝贵资源、同时对后代投资更多的女性,自然在发生性关系之前对男性更加挑剔——这就是亲代投资理论。因此在谈恋爱和婚姻市场中,女性挑剔的心态是非常正常的。反过来,男性的本能也是要传递自己的基因,但男性的策略是期望能够在短时间内很容易地散播自己的基因,这是他们的进化优势,因为精子比较容易产生。但历史告诉我们,男性主要是通过增加性伴侣的数量来增加后代的数量,而不是让某一配偶生育更多子女。

对于某些经济独立的女性来说,单亲妈妈已经变成一个主动的选择

我们注意到,这几年,有一种现象很有趣,就是对于一些经济独立、能够把自己照顾得很好的女性来说,单亲妈妈反而成了一种主动的选择。当女性可以自己为生育后代提供足够的资源时,就不再一定需要

通过婚姻制度来选择固定伴侣。

北欧一些国家现在已经把单亲妈妈合法化，她们生的孩子（非婚生）和双亲父母生的孩子（婚生）具有一样的政治社会经济地位。但是即使在北欧国家你也会发现，经济独立的女性还是会偏好更有财富地位的男性，优秀的女性愿意找更优秀的男性，这说明在某种程度上，人类的进化趋向还是会存在的。

是
爱与包容
把我们变成了对的人

Mr. Right

2020 幸会·幸福
《幸福实验室》首映

>>> chapter 5

你真的知道另一半
在想什么吗

本章看点

- 夫妻间有哪些不同的相处模式?
- 不信任如何让亲密关系中的两人渐行渐远?如何消除彼此之间的不信任感?
- 夫妻如何面对彼此之间的差异?
- 挫折期的生存压力是如何影响夫妻关系的?如何面对现实困境对夫妻感情的考验?
- 什么是理想的家庭?
- 婚姻中,付出的一方不怕被辜负的关键是什么?
- 原生家庭对婚姻的影响到底是什么?夫妻如何面对原生家庭的影响?
- 走入一段婚姻,究竟可以给我们带来什么?

引言

有个朋友问:"我喜欢上一个人,可是我跟他很多方面都不一样,性格也完全相反,你觉得我们能有未来吗?"

好像很多人有类似困惑,觉得爱情容不下差异,毕竟差异就意味着矛盾。

一个总想把家里收拾得干干净净,每天都要拖地洗厕所;另一个总是邋邋遢遢,打开衣柜就能看到一堆衣服往下掉……

这样的矛盾,想想就让人头疼。于是,我们想找一个兴趣相投、灵魂相通的伴侣,这样一来,就不会吵个不停了。

真的会这样吗?

美国心理学家约翰·戈特曼(John Gottman)是婚姻研究的领军人物,他曾在20世纪对700对夫妻进行了长达40年的追踪研究,最后发现,夫妻之间的矛盾和问题,69%会永远存在。但同样带着这些矛盾,有的人却过得很幸福,为什么呢?戈特曼试图找到答案。

如果你觉得 20 世纪的美国夫妻离自己太远了，不妨来看看发生在我们身边的案例，这期实验探讨的就是这个问题。

你知道箱庭游戏是怎么回事吗

节目组邀请了三对夫妻和一对恋爱了五年的情侣，参与了一次箱庭游戏。箱庭是一种心理学疗法，参与者通过创造的意象和场景来表达自己，直观显示内心世界，帮助彼此沟通想法。

每对夫妻或情侣将合作完成一幅作品，男女轮流在沙箱里摆放玩具，自行决定先后顺序，可进行 10~15 轮次。作品完成后，两人在咨询师的引导下进行复盘讨论，交流创作思路和游戏体验。

规则：

一次只能放一个玩具或者同类型的多个玩具；

可以挪动自己或对方的玩具位置，但不可以将已有的玩具拿出沙箱，可以在一轮游戏中选择弃权；

整个过程中，不能通过语言、眼神或动作交流，游戏时间不限。

在这个过程中，他们会发现伴侣内心的什么秘密呢？能再次体会到强烈的亲密感吗？

你可能会说，这不就是摆玩具过家家吗，怎么就是心理学实验了？

对此，心理专家陈海贤老师解释道，别小看这个箱庭游戏，它其实是有很长的历史的，能够通过人们摆放什么样的玩具来了解他们的内心，这些玩具都有他们内心的象征意义。比如摆一座庙，象征的是当事人灵性的部分；摆一个有力量的动物，象征的是他内心的这种力量。当它们用于夫妻的时候，我们可以据此观察夫妻之间是怎么互动的。比如说他们在摆放这些玩具时，他们也会遇到一些矛盾，他们如何处理矛盾，如何处理差异，如何来相互配合，如何来解决他们遇到的问题，从中我们就能看到他们之间的沟通模式是怎么样的。

实验过程：箱庭游戏如何揭露夫妻之间的互动模式

1号"探戈"夫妻：和而不同

这是一对结婚六年的夫妻，有一个四岁的儿子，两人在大学时认识，恋爱一年半后结婚。妻子在接受采访时对丈夫开玩笑道："儿子现在大了,跟你的共鸣多了,对于他,我现在最大的愿望就是把他扔掉,他能自己玩了以后我俩就能有二人世界了。"

他们之间的差异和矛盾,从游戏一开始就爆发了。

咨询师让他们决定先后顺序。

妻子斩钉截铁地说:"我先。"丈夫有点为难地笑了,说:"你先,我会很不容易收场啊。"妻子:"不管,就是要我先。"丈夫笑着妥协:"行行行,那就你先。"

于是,妻子第一个放,她选了一对笼子;丈夫接着放了一匹马挣脱牢笼。妻子立马放了一头狮子,"怼"住它;丈夫一看,不能怼得这么明显,就划了一条河,相互分开。

然后,妻子直接把狮子扔河里了……

丈夫以为妻子是想说"气死老娘了",于是放了吊车来捞狮子……

第 5 章　你真的知道另一半在想什么吗

看了这些互动,很多观众都忍不住吐槽:妻子太强势了,两人太针锋相对了。后面的过程更刺激了,妻子设想的是这是一个人类不断攻击野生动物,导致野生动物报复的故事,于是放了蟒蛇攻击人类,制造了洪水冲垮桥梁,还安排狮子在森林里窥探人类……不断给丈夫制造难题,看丈夫怎么接招。

而丈夫完全领会不到妻子的思路,他心想的是建造一个游乐园,儿子喜欢的那种乐园。在妻子放完蟒蛇之后,他放了一个猛男,试图保护游乐园里的小女孩。

节目放到这里,弹幕里都是这样的评价:这女的攻击性太强了、太

叛逆了，男的太难了。在后来的访谈中，咨询师问："日常生活中，你们的互动是不是也类似这样呢？"丈夫说："是的，很多事情她都有自己的想法，而且比较坚持，一旦我们两个意见不合，就谁也不让谁。但只要她认定了一些事，就会尽量来说服我，最后，一般都是我妥协。"

由于游戏过程中是不能交流的，他们并不知道对方摆放的意思，直到事后交流，两个人才发现：我俩想的居然差这么远！然后自嘲说，我俩真是天使和魔鬼。丈夫笑着对妻子说："你怎么这么阴暗啊。"妻子在一旁笑得像个孩子一样，摸摸丈夫的头说："你真是一个可爱的小男孩，内心一片阳光。"

夫妻01号 | 真是一个可爱的小男孩

看到这里，我们都会发出疑问：丈夫每天被这么强势和阴暗的人控制，不会很累吗？两人这么没有默契，不会有很多矛盾吗？但为何两个人看上去好像很默契的样子，丈夫也似乎不觉得痛苦呢？

直到这一幕。

咨询师让他们给作品起一个名字，丈夫起的是《碰撞》，他说："这种碰撞不是针锋相对，争个谁对谁错，而是在互相角力中，碰撞出很多有意思的火花。很多人觉得婚姻越过越平淡，没有意思，其实，我觉得那是因为没有互动；如果夫妻之间没有小碰撞，那就是一潭死水，而这种有张力的互动，其实是需要费脑筋的。"

看到这里，我们恍然大悟，原来，丈夫不仅没有厌烦妻子的强势，没有在这一次次的冲突中感到退缩；相反，他觉得这些碰撞是维持爱情的火花，甚至觉得生活中不断给对方制造难题，是一种高级的互动。

妻子说："我们会有冲突，但是我还蛮有安全感的，因为我知道吵架不会太久，我们最终还是会达成一致。"

他们有太多的不同，但有一点，他们对差异的看法是相同的，那就是"看得很开"。

这其实正是约翰·戈特曼的婚姻研究中一个很重要的结论。他曾经在他的"爱情实验室"中邀请了大量夫妻,让他们来聊聊生活中最重要的分歧,并记录他们的一系列生理反应。结果发现:有一些人,他们在说到这些分歧和矛盾时,心跳会很快,总在出汗,血流得也很快;而另一类人谈到这些分歧时却非常平静,即使是讨论吵架,他们也能营造出一种很惬意、互相信任的氛围。

事后,他对这些夫妻进行了为时六年的追踪,结果发现,第一类人,他们不是分手了就是一直非常不快乐;而第二类人却在这六年里感到非常愉快,婚姻满意度很高。

戈特曼把前者称为"灾难制造者"、后者称为"婚姻掌控者"。灾难制造者们在关系里形成了一种"非战即逃"的应激反应,一旦提到分歧,他们就做好了攻击对方和迎战的准备,甚至厌恶冲突本身,这让他们变得咄咄逼人,没办法跟伴侣坐下来好好聊聊。而婚姻掌控者的生理应激就没有那么明显,虽然是在讨论分歧,但他们心平气和,总能够营造出一种相互信任的氛围,就好比节目中这对夫妻,他们对关系有安全感,知道分歧并

> **划重点**
>
> 让这些人在矛盾冲突中"活下来"的原因,不是没有冲突,而是接纳冲突本身,并且信任彼此的应对能力。

不会让关系破裂，而是很快能得到解决。所以，让这些人在矛盾冲突中"活下来"的原因，不是没有冲突，而是接纳冲突本身，并且信任彼此的应对能力。

对于这对夫妻，陈海贤老师也给出了自己的解读：这对夫妻在讲过去经历的时候展示了一张照片，照片中的两人在跳舞，而且跳的是探戈。实际上探戈就是一种带有攻击性的舞蹈。你进的时候我要退，你退的时候我要进，这对夫妻特别像是在跳探戈，看起来他们是在针锋相对，可是在需要的时候他们也知道该怎么退让。比如丈夫就会觉得不能让妻子的狮子死掉，要拿辆吊车把它救起来。他也说到觉得妻子的反应是"气死老娘了"，这说明他心里还是很在意妻子的想法的，所以他们很像在跳探戈。一开始的时候，他们会刻意制造一些矛盾和张力，而这就是他们秀恩爱的方式。他们在整个过程中是很配合的。

丈夫给作品起的名字是"碰撞"，妻子起的是"天使与小鬼"。不管是碰撞，还是天使与小鬼，这其中都存在很多的差异。我们可以看到，这对夫妻本身也存在很多的差异，比如说猜不到对方的意思，或者有很多的意见不合。可是有一点，他们是没有差异的，就是他们对差异的看法是没有差异的。比如妻子说了"你看在我们的差异背后，我们具有的深层次的价值观是相通的"，所以这就会让他们在差异背后，拥有一种更深层的和谐。就是我们有一些差异，但是我们对这个差异是有共识的，我们是能够管理它的。就像下棋一样，棋逢对手，看起来两个人是在竞争，你一下我一下，可是他们又是在一起玩游戏，这又是一个相互配合的过程。

> **陈海贤金句**
>
> 伴侣差异的背后也可以是共识，如何看待差异和处理差异的共识。

2号"为什么"情侣：关系中比爱更难的，是信任

这是一对相识12年（两人是初中同学）、恋爱5年的情侣，他们一起参与了本次实验。这个女孩经常说的一句话就是："我就是想知道他为什么这么想，他告诉我，有些时候我也不是很能听懂，我就会想很多。"男孩说："我明明只是说了一句很普通的话，但她却总会想，我这句话到底有什么内涵。"这种互动模式对他们的关系产生了很大的影响，导致女孩不断怀疑"我为什么要和他在一起"。

我们来看看他们在实验中的互动。

实验开始，男孩想着女士优先，让女孩先放，但女孩拒绝了，她坚持要让男孩先放。事后她说了自己的原因："我想看看如果我们两个人共同生活的话，他会最先注意到什么，他眼里第一重要的是什么。"

原来这是一个考验。

男孩先开始，他放了一栋小房子，解释说："这是她喜欢的小院风格的房子，我把它放在沙箱的正中间，接下来我们发生的所有事情，都应该围绕着它转。"听上去是一个贴心的男友，处处为女孩着想。

但女孩听完似乎并没有感动，而是又问了一句："是因为它重要，

● 情侣 02 号 ｜ 而且是她喜欢的那种小院风格

所以放中间吗?"男孩说:"我刚才已经解释了,你不认为我刚才说的是个答案吗?"

她每一步都在试图寻找一个答案:"我在他心里是不是最重要的?"男孩放完了房子,女孩拿了一个人偶放在门口,代表自己守护着房子。男孩拿了一个老奶奶放在屋子后面,女孩拿了一个蜻蜓放在了老奶奶的脚前。

这一幕引发了咨询师的好奇,因为老奶奶和老爷爷是一对的,为何女孩没有选择老爷爷,反而放了蜻蜓呢?女孩事后解释说:"我知道他拿那个老奶奶,是为了让我拿那个老爷爷,因为他们是一对。但是我不能像他想的那么做,因为我要看看,如果我不去拿那个老爷爷,他自己

● 情侣 02 号 | 从它(婚礼)引到它(老奶奶)的

会不会去拿。他会不会浪费一次机会,把老爷爷拿到老奶奶身边。"

听完这个解释,弹幕区都在说这个女孩好可怕,她每一步都在考验对方。然后问题来了,男孩竟然没有按照女孩的期待去拿那个匹配的老爷爷,而是拿了另外一个有头发的老爷爷,站在老奶奶的旁边。

咨询师问男孩为何这样做,他解释说:"那个老爷爷没有头发,因为她之前说过,她不喜欢头秃的。"咨询师问女孩:"那他算是按照你的期待去做了吗,你满意吗?"女孩回答:"我挺满意的,因为他知道我不喜欢那个老爷爷头秃,所以他拿了一个有头发的老爷爷。我想,他可能还是真的爱我的。"

女孩最后这句话很有意思,她用了两个词,一个是"我想",一个是"可能"。男友过关了,但她语气里却还是怀疑。这不是出自一对刚恋爱的情侣,而是两个认识了 12 年的人,让人有些意外。

在节目中,我们可以很明显看出来女孩对伴侣的不信任,游戏折射出来的是他们的日常,现实中女孩也是这样,不断试探,想确认对方是不是真的爱自己。

她很爱对方,但却不信任对方。

心理学家约翰·伦佩尔(John Rempel)等人认为爱情中的信任,

是一种对伴侣的主观信心感受，它包含了三个因素。

可预测性：对伴侣有一定的了解，知道伴侣会在什么时间做出什么样的反应，而不是捉摸不定的；

可依赖性：伴侣是可以依靠的，在需要的时候Ta在；

信念：即使在没有充分的事实作为根据的情况下，我们仍然相信对方会继续爱我们、关心我们。

前两个因素是关系信任的基础，但是当信念出现时，我们对伴侣的信任不再需要任何理由。这一点其实很难做到，也是很多情侣关系破裂的原因。

读到这里，你可能会质疑，信任也不是凭空出现的，它也需要一些条件。为何这个女孩这么难信任对方呢？更多的经历我们不了解，但我们可以从节目中察觉到蛛丝马迹。

节目中，两个人一起复盘玩具的摆放思路时，女孩不断地问男孩为什么这么放，然后男孩总是回答得特别快，似乎是被长期训练出来的。咨询师问男孩："你现在回答得又快又准，你以前也会这样吗？"

"我以前不会，是认识她之后的改变吧。"

"那你以前是怎样的呢？"

"沉默寡言。"

"那你喜欢这种改变吗？"

"谈不上喜欢不喜欢，不排斥。"

听到这里，女孩立马就有反应了，她说："他总是这样回答，总是跟我说不排斥，但我觉得他就是不喜欢。"

咨询师问她："如果对方说不喜欢，你能接受吗？"

女孩回答："可以啊，不喜欢就不让他去做。"

此时男孩在旁边默默说了一句："代价就是不开心，我不想让她不开心。"

这里很明显，他承认了自己是不够真诚的。

可以想象生活中他们也是这样的，男孩怕女孩不开心，所以会用不真诚的方式"哄她",久而久之,女孩就觉得这些好都是违心做出来的。

女孩说:"我觉得他还是在乎我的。我有点感动,但更多的是不信任,我觉得他在撒谎。"

男孩看上去什么都做得很贴心,但很明显他并不开心、并不享受,而且不会表达出来。

心理学的研究发现,双方能否一贯在小事上保持诚实,是影响长久信任的一个重要因素。如果伴侣在关系中时不时撒个小谎,或者逃避问题,次数多了后,两人就会认为对方是个不可靠、不诚实的人,哪怕是所谓的"善意的谎言"。虽然有时候说真话会让对方难过,但总比一直撒谎好,况且,如果真的相爱,想必是可以承受这些"难过"的。

> **划重点**
> 双方能否一贯在小事上保持诚实,是影响长久信任的一个重要因素。

最怕的是:"你从来不告诉我,我以为你喜欢我这么做,到头来发现你已经恨我了。"

除了信任,这次实验还能反映他们关系中的哪些问题呢?

我不说的，他应该都懂

在咨询师的引导下，他们继续复盘着摆放思路。

轮到女孩回答的时候，她经常不自己说，而是转头问男友："你觉得我为什么放这个？"

大部分时候，男孩都能猜出来，他似乎对女友的心事了如指掌；但也有些时候，他猜不透。比如女孩放了一个很大的城堡在沙箱中央，说："我觉得我放这个房子在这里，大家都知道是什么意思。"但男孩和咨询师都说："我们并不知道。"

此时男孩开始告状了："她总是这样，总觉得她不用说我就会懂，但其实我不懂。"而女孩心里想的是："我不用说，如果他在乎我，就应该知道我需要什么，想要什么。"这其实是很多情侣之间沟通的一个障碍，就是靠"猜"来交流。

伴侣究竟会不会读心术

问题来了，是不是在一起时间久的伴侣，就一定能随时猜对对方的心思呢？这种默契究竟是不是衡量一段感情"好不好"的标准呢？我们来看看心理学实验有什么发现。

美国芝加哥大学的教授尼古拉斯·埃普利（Nicholas Epley）邀请了一些相处六年以上的情侣，把他们带到两个单独的实验室，让他们分别扮演猜测者和答题者。答题者会拿到一些关于自己的问题，例如自己有什么爱好、有什么特长、对自我的评价如何等。而另一个房间里的猜测者则需要猜测对方的答案，并预估自己猜对的比例。

结果发现，猜测者的预估准确率几乎是实际准确率的两倍，也就是大家都高估了自己对伴侣的了解。

接着，他邀请了 104 对已婚夫妻，继续扮演猜测者和答题者，但这一次，猜测的方式被分为三种：

直接获得组：实验之前，猜测者先问伴侣答案，然后凭记忆作答；
换位思考组：猜测者在回答问题时被鼓励"努力换位思考，想想对方会怎么回答"；
直接猜测组：猜测者直接猜测伴侣的答案。

我们可能会觉得，换位思考有助于理解伴侣的内心想法，因此猜对的比例应该最高。但结果却出乎意料,换位思考组的正确率反而比直接猜测组更低,并且他们盲目自信的程度最高(实际准确率跟预估准确率相差最远)。

也就是说,当我们站在对方的角度思考时,反而会更加盲目自信,以为自己能猜透伴侣的想法,然而该错的还是错。研究还发现,两个人在一起的时间越长,越容易盲目自信。也就是说,在一起久了并不能保证更懂对方,而只是让人误以为自己更懂。

所以,正确的做法应该是什么呢?

在实验结果中,直接获得组的正确率是最高的,而且他们的预估准确率也是最贴近现实的,他们的做法就是实验前先询问了自己的伴侣。所以,要想真正读懂自己的伴侣,不要靠猜,而是主动去问并且聆听伴侣的想法。心理咨询技术中有一招很实用,可以用于伴侣之间的沟通,就是"澄清"。如果你不确定对方是不是这样想的,可以这样问:"我想你是想说……,是不是呢?"

对于2号女生的表现,陈海贤老师也做出了自己的解读:"看起来她是在不停地考验这个男生,其实她是在确认一件事,就是你到底是不是真的在乎我,我在你心里是不是真的重要。可是她对于这个考验,这个重要性的理解就是对方要做到'什么事都替我着想，甚至我心里没有想到的东西，也会替我想到'。节目中有一段很有趣，就是这个男生也没有放那个配对的老爷爷，而是放了一个另外造型的老爷爷，于是女生就说'这个老爷爷站我旁边像个仆人一样'，可是这个男生的反应也很有趣，他说'你不是不喜欢那个头发少的吗？'他看起来是在为女生着想，可是他也好像是在说'就算是你的需要，我也知道的比你多'。哪怕是在这样的时候，他们也好像是在一种竞争的模式里。他们的互动中有一个细节，就是这个女生对男生的回答还是满意的，她说'他还是爱我的'。然后咨询师就说'你好像通过了考验'，可是这个男生也没有高兴，这是为什么呢？问题不在于'你考验我，我有没有通过考验'，而在于考验这个动作本身，它就在传递一种不信任。所以只要你去考验对方了，无论对方有没有通过考验，它其实都会让你们的关系远离。

> **陈海贤金句**
>
> 我一边考验你，一边给你留下解题线索，希望你能看见。

"这个女生说过一段话，来解释为什么她心里会有这么多的不安感。她在沙箱中放了一个小女孩，然后说'我就像是一个很需要被保护的小女孩'。因为保护对她来说太重要了，所以她就会不停地去确认：'你能为我提供保护吗？你是那个可靠的人吗？'其实如果你一定要去确信，去让对方来给你一些什么保证，通常是做不到的。爱情就像一种信仰，你得先相信它，才能看到它，如果你不信它了，你怎么样寻找都是找不到的。可能因为心里的某种不安全感，她说自己像个小女孩，她不可能说'好吧，我有这么强烈的不安全感，我先信你'。即使是这样，她也找不到自己想要的信任。

> **陈海贤金句**
> 爱情就像一种信仰，你得先相信它，才能看到它。

"这种信任其实成了个悖论，就是'你得让我信任，我才能信任你'，对方说'不行，你得先信任我，我才能让你信任'。假如这个男生来问我，我会跟他说，如果你还想要这段关系，那你一定要想办法，给女生足够的安全感。如果你不知道怎么给，你就问问她需要你怎么做。如果是这个女生来问我，我就会跟她说，你不能一味地去寻求别人给你安全感，也许对你来说，最重要的不是确定的答案是什么，而是自己要做的选择是什么，是要选择信任他，让关系继续，还是说就这样不信任他。"

在节目的互动过程中,我们能够看到,2号女生其实是发生了很大的转变的,他们两人在这个过程中都产生了一些新的经验。这其实是他们共同努力的结果。这个男生尽管不喜欢被考验,但也在积极地说:"希望我的女朋友能感到安心一些。"我们也希望他们的这种新经验不只停留在咨询师面前,而是能够带到他们的生活中,变成他们越来越稳固的经验。

如果说这些伴侣、这个箱庭游戏带给我们什么启发的话,就是它们让我们看到了爱情的各种面相。有一些爱是在危机的时候相互扶持,有一些爱是在遇到差异的时候两个人能够协商和妥协,有一些爱是我们能够为对方去改变我们自己……无论是什么样的爱,都不是一味的要求和付出,而是两个人、两颗心的相互靠近。

陈海贤金句

在适应关系的过程中,你会增加新的经验,长出新的自我。无论哪种形式的爱,都不是单方面的要求和付出,而是两颗心的相互靠近。

3号"太忙"夫妻：用欣赏和认可，把对方变成了对的人

这是一对恋爱五年、结婚一年的夫妻，相识于理塘的一个国际青旅，在旅途中互生好感，走到了一起。丈夫现在工作很忙，压力也比较大，经常顾不上和妻子交流，但是妻子表示，虽然很不爽，但是能够理解丈夫。

商量顺序的环节，他们似乎很顺利，妻子拍着丈夫的肩膀说"你先"，丈夫也干脆地说"我先"，他们就这么愉快地决定了。

于是，丈夫在沙箱的一角摆了一座高塔，象征两个人居住的地方。妻子接着放了两个人偶在塔前，想着可能两个人不是去旅游，就是住在那里。在海边，有灯塔，一起看着书，聊着天。

接着，丈夫摆了一辆挖掘机和一辆装载机，象征自己的工作；妻子在前面挖了个过道，放了一辆运土车，帮他把土运出来。

丈夫放了一个体育馆和一个奖杯，因为妻子喜欢体育，喜欢看球赛，甚至把自己也培养成了球迷；妻子在旁边放了一辆列车。

丈夫摆了一对跳舞的小人，妻子摆了一片草坪。

幸福实验室：爱是难题，爱是答案

夫妻03号　这个土要挖出来 他得运出来

咨询师　徐洁　帮他做接下来的事情

丈夫摆了一对结婚的夫妻，妻子放了一个爱心。

…………

光看这两个人摆放玩具，就足够治愈了，这大概就是好的爱情的样子，配合默契、彼此成就。甚至观众会觉得，这么默契的两个人，肯定没有什么矛盾吧。但在这个过程中，咨询师却观察到了一些细节：丈夫总是违反规则。比如他一次性拿了两个玩具、忍不住主动跟妻子沟通、之后又同时挪动了两个玩具……而妻子却每一步都按规则来，甚至几乎没有挪动过对方的摆件。

规则：不能交流

咨询师问丈夫："你是一个对规则有自己理解的人？"

丈夫害羞地说："是的，是的。"妻子在旁边笑着说："他就是这样的，总是不守规则，别人说不能带打火机，他就带三个，被搜走两个，剩一个，但我觉得这样不好。"

奇怪的是，明明在说丈夫坏话，却让人感受不到一丝责备。妻子还说："他是个没有计划的人，明天要去旅行，往往今天才决定；而我刚好相反，我是明年的旅行，今年就要先计划好。但现在，我也变得不爱计划了，因为我计划了他也会改，不如就顺其自然，接受生活的惊喜，也挺好的。"

看到这里，我们才意识到，原来他们是那么不同。

夫妻 03 号 | 他的规则都是自己觉得是那样的

节目组问丈夫："认识她之后，你有什么变化呢？"

丈夫说："变化太多了，以前我看足球就觉得很匪夷所思，踢来踢去有什么意思呢？可是后来在她的影响下，我也成了小球迷。认识她以前，我吃喝玩乐，到处浪。但现在，我该戒的基本都戒了，也不喝酒了，到点就回家；也学会省钱了，以前一年赚 20 万，我会花 25 万 ~30 万，现在会想着自己省着点用。"

原来，不仅仅是妻子在包容这些差异，丈夫也在为妻子一点点地改变自己。

游戏过程中，我们会感受到，任何时候都是丈夫"在先"，妻子"在后"配合，妻子后来解释道："我一直都想着在他（的玩具）附近放个什么东西，直到后来，我感觉猜不透了。"但真正感人的一幕是在游戏的最后，丈夫听完了咨询师的分析，主动分享说："摆玩具时，我总是只想到自己，没有考虑她怎么想。生活中也是这样，做什么事，我都是想着往前冲，而很少去关心她在做什么、生活中有什么困难。以后，我得多关心她，不能老是以我为主，要多想想她要什么，多为她着想。"没有任何人提醒他这一点，甚至咨询师也没有提醒，他却反思出了这番话。说完这段话，他牵起妻子的手，竟落泪了。

这一幕看哭了很多人。这不就是爱情最好的样子么？

戈特曼的研究也发现了类似的结论，即面对差异的态度，是体贴、宽容，还是轻视、挑剔、充满敌意，可以准确地预测一对夫妻最终是会分手，还是过得幸福。还是说回两类人：婚姻掌控者和灾难制造者。同样是面对差异，戈特曼发现婚姻掌控者们总能找到另一半让他们欣赏的地方，并自觉地建立起一种相互信任、相互体贴的相处模式。然而灾难制造者却只会把这些差异看作对方的错误和缺点，并加以挑剔。

戈特曼认为，挑剔和指责是拆散夫妻的罪魁祸首；相反，欣赏和体贴则会形成良性循环。伴侣越是欣赏和体贴我们，我们越是愿意为其改正自己的缺点。例如节目中这个"守规则"的问题，妻子把丈夫的"不守规则"看作生活的惊喜，而不是挑剔他的不靠谱，并且自己也愿意慢慢改变规则接纳对方；丈夫把妻子的规则看作家的温暖，而不是束缚他的牢笼，并愿意为此付出和牺牲。

总结起来，每对夫妻之间都会有差异，就像研究所发现的，69%的矛盾永远存在。

那些带着差异却仍过得很幸福的人，只不过是用体贴和欣赏，把这些差异看成优点，从而造就彼此成为更好的自己。

妻子有一段话说得特别好："一个人有一个人的好，两个人有两个人的好，如果遇到对的人，那两个人就比一个人要好。"在陈海贤老师

看来，这位女士太谦虚了，不是说她找到了对的人，而是她用这种欣赏和认可，把对方变成了对的人。

> **陈海贤金句**
>
> 不是你找到了对的人，而是你用欣赏和认可，把对方变成了对的人。

这家的丈夫一开始在广西的一家央企工作，收入、待遇都很好，为了妻子来到北京，一开始挣得很少，工作又累，离家也远。妻子是自由职业，也给不了丈夫很多工作上的支持。但是丈夫表示，出来锻炼锻炼也挺好的，重要的是两个人在一起。

妻子在节目中也说道："两个人走进婚姻后可能爱情会慢慢变少，亲情会慢慢变多，但是我觉得爱情始终都是要有的。老公或男朋友就是老公或男朋友，不可能完全变成你的亲人。如果完全变成你的亲人会出问题的。不管是到 60 岁还是 70 岁，都需要你不断地去思考两个人之间的关系，到了哪个年龄段你们应该怎样去相处，该怎样把爱情经营得更好。"

我们能够看到，他们都为彼此付出了很多，也都把对方的付出看在眼里。其实我们都不怕付出，怕的是付出没有被看见，这就会让我们觉得不值得。如果付出没有被看见，我们就会计较，就会觉得"凭什么我付出多，你付出少"，这个时候就会陷入这种角力的状态。而这一对伴侣完全不是这样的。他们每一个人都在付出，也很感激彼此的付出。

> **陈海贤金句**
> 在关系里，人其实是不怕付出的，怕的是付出没被看到，所以觉得不值得。

在陈海贤老师看来，这种付出和看见，关键不在于表达的形式，而在于你是不是真的确信在他心里，你是重要的。其实我们都在确认这一点。

关于表达，陈海贤老师讲了一个故事：

有一位企业家，他是一个非常理性的人。他告诉我他的前女友也是一个学心理学的人。我们知道，学心理学的人，不管是对于情感表达，还是对于自己情感的觉知，都会有很多的要求。所以他女朋友就会经常跟他说："我觉得你这样做不行，我觉得你应该更好地表达。"他虽然做了一些改变，但似乎每次都达不到女朋友的期待，然后他女朋友就会说他这做的也不够，那做的也不够，他们就这样相处了三年。有一天，他的一个朋友就问他："在这段关系里，你快乐吗？这段关系是让你变得更自信了还是更不自信了？"他一下子就发现，原来在这段关系里，自己好久没有过快乐的感觉了，而且也变得更不自信了，好像更讨厌自己了。想到这一点的时候，他就下了一个决心。他就去跟他的女朋友说："对不起，其实我还爱你，可是我没有办法变成你想让我变成的那种人。"然后他们的关系就结束了。后来他又找了个女朋友，并且跟她结婚了。他的妻子完全接纳了他这种很理性的样子。之所以接纳，是因为她心里很确信，尽管丈夫不善表达，可是他心里有自己。所以他们的关系反而不错。

陈海贤金句

不要期待你的伴侣是一个心理学家，也不要期待他能变成一个心理咨询师，他也做不到。

4号"不说"夫妻：我感觉你应该是……

这对夫妻恋爱五年，结婚一年半。在妻子看来，丈夫很少表达自己的需求，很多事情希望妻子能够自己看到，主动做好。

这是一对特别令人感动的夫妻，我们来看看他们的互动。

妻子拿了一个魔法球放在了沙箱的一角，觉得魔法球可以随意想象，从而给丈夫最大的发挥空间，结果丈夫扭头看到就"迷茫"了："这是个啥？"

看到这一幕，妻子和咨询师都笑了，咨询师说："你让丈夫有些困惑，但是你的出发点是给他更多表达的空间。"

妻子回答说："对，在现实生活中，我是不断抛出想法的人，他会聆听得比较多。所以哪怕是一个游戏，我也希望能够让他可以更好地有一些属于自己的想法。"

然后丈夫放了一个青蛙乐队，心想，不管妻子怎么摆放，青蛙乐队都代表了一种欢乐的气氛，一种享受快乐的状态。

接着，妻子开辟了一片水域，保证青蛙能够活下来。

然后丈夫一看有水了，就在水边放了一只河马，并在之后解释道，当时考虑了一下河马的位置，因为如果河马朝向岸边的话，妻子再摆放什么东西，那就对着河马嘴了，不太合适。

从这里开始，丈夫的每一步摆放都与妻子的行动有关，他们的配合很默契也很温馨。

丈夫拿了一只长颈鹿放到角落里。

妻子觉得这幅画的边界很大，就希望通路可以更明确一点，所以就放了一座桥。丈夫又放了一艘帆船。

妻子接下来在长颈鹿的旁边也放了一只鹿。

丈夫明白了，那就一起向快乐的动物园发展吧。

等到沙盘的场景主题明朗后，夫妻双方很默契地摆上了房子、路灯，还有大树，他们一起建设、一起巩固了这片家园。

两年前，为了帮父母还债，妻子曾同时兼职多份工作。

每天早上4点就要工作，晚上11点半才回家，第二天4点又要起来。用过的碗就在水池里，没有人会去刷。

妻子觉得即使丈夫没有参与到自己的家庭债务中，至少在生活上应该支持自己。而丈夫觉得刷碗不是男人应该干的事，而且妻子的状态给自己带来了很大的压力。

那个没有人去刷的碗，是一种无声的反抗。

两个人谁也不去理解对方的想法，也不去说自己的想法，只能在自己的思维中，给对方下一个定义。

出现这样的状况，是因为两个人的沟通出了问题，更是因为，生活压力太大，我们没有足够的资源去经营关系。

就像妻子说的："击溃你的不光是这个碗的存在，它其实有体能上的疲惫，有你对生活的幻想，有你对这个男人的幻想，是很多方面一起击溃你的。因为你没有体力沟通。你回来只想说'老子要睡觉'。谁要跟你谈人生，谁要跟你谈我今天被谁的话刺痛了，以及我要怎么调整要自我成长。不存在的。"

在陈海贤老师看来，很多夫妻的感情，就是通过这种共同经历的艰难，慢慢发展起来的。

家庭治疗大师米纽庆娶了耶鲁大学的一个美女博士，他们的婚姻持续了 40 多年，直到其中一方去世。这 40 多年他们很恩爱，他的妻子也一直在扶持他的事业。可是在谈到这段婚姻的时候，米纽庆却说，在这段婚姻里，我起码有 200 次想要离婚，有 50 次想要捏死对方。婚姻能不能继续，其实就靠夫妻能不能够渡过这个难关。渡过去了，这些沉重的东西就会变成两个人共同的经历，变成感情的养分。渡不过去了，也许就一拍两散了。我们所有的亲密关系都应该要有这样的准备，就是我们其实是会经历并且要经受住一些考验的。而且特别有趣的是，有时候我们对经历这种压力、这种挫折本身也有很多浪漫的幻想。

比如这对夫妻遇到家庭财政的压力了，很多人可能会想，遇到压力，我们携起手来，共同去面对这些困难，回到家我们可以相互诉说、相互扶持。其实关于压力对亲密关系的挑战，真实的情况不是这样的。真实的情况是，我们没有足够的资源去经营我们的关系了，比如连觉都睡不够，我们根本顾不上彼此，更别提培养感情来携手面对一些东西。更有一些时候，当你的另一半遇到一些比较大的压力、外在的挫折时，他回到家也有一肚子气没法撒,所以就会责怪你。这个时候,即使你愿意和他一起去面对压力,你也要知道,你要应对的压力不止压力事件本身,还包括伴侣对你的责备和抱怨。这就是最难的地方。但要注意的是,责怪彼此并不是你们夫妻关系的特征,而是这个阶段的特征。这个阶段很难,所以你需要去依赖眼前的那个人,跟他一起共渡难关。你不能把伴侣看作你的敌人,而是一定要和他携起手来去应对这些消极的压力、可能的指责,以及焦虑的情感反应。那些才是你的敌人。

> **陈海贤金句**
> 重压之下人们很容易忘记,伴侣不是你的敌人,你们共同面临的困难才是。

曾经有一个人问米纽庆,什么样的家庭是理想的家庭。米纽庆回答:"从来没有什么真正理想的家庭,所谓理想的家庭就是有修复能力的家庭,就是我们在遇到困难的时候,在关系遇到挫折的时候,我们能修复这个关系。只要有修复能力的家庭,就是理想的家庭。"

很多时候,很多人就是差这一句话。当知道了这件事,就会发现原来大家都很惨,不是只有我一个人惨,立刻就觉得还能爬起来再跑二里地。

> **陈海贤金句**
> 世界上没有完美的爱人，是爱与包容把我们变成了对的人。

这家的妻子在采访中讲道，自己的原生家庭很不幸福，父母是那种耗尽一切生命也要跟对方吵架的类型。所以尽管自己之前对于婚姻没有什么画像，但却知道自己一定不想要什么。而丈夫的家庭刚好相反，他爸爸进门的时候，家里一定有一杯温度刚好的茶水，可以吃到温度刚好的饭菜。家里的音量不会超过 40 分贝，这么多年来，从来没有红过一次脸。丈夫是在这样的家庭里长大的。

他们两个的原生家庭其实很不一样。

妻子觉得，有一个人，他一直把你放在心上，一直把你放在他的眼睛里，这件事很重要，而丈夫就是这样一个人。

妻子后来说了一段话，使主持人和观众都不禁落泪：

我觉得人不管怎么活着，都会面临挑战。如果你想找到一个人，他把你安在他的心里，这件事情比较难。如果你是山谷里的一朵花，你从花骨朵到绽放，没有人经过你，那你开过没有？我需要有人知道开过，它可能在第几天的时候最香；当它掉落第一个花瓣的时候其实心里很难过，它归尘土的时候或许很平静，或许很挣扎，但有人见证过，就够了。我觉得这是亲密关系存在的最主要的原因。要不然也不需要为此付出这么多。

原生家庭的影响，很多人都在讨论，可是原生家庭对我们的影响到底是什么呢？在陈海贤老师看来，有一些影响是很重要的，比如原生家庭会塑造一种情感反应的模式：我们怎么应对自己心里的爱和怕。除此之外，原生家庭也会塑造我们对亲密关系和伴侣的信念，比如这段亲密关系到底可不可靠，会不会有危险；这个伴侣，他到底会不会背叛我？很多时候，这些都是我们在原生家庭中学到的经验。这一对夫妻很特别，妻子的原生家庭和丈夫的原生家庭是完全不一样的。我们仿佛能看到两个原生家庭所持的这种信念之间的斗争。我们不能认为也许妻子有这样的影响，有这样的不安，那就是妻子的问题，而应将它视为一个也许外在于这对伴侣的问题。这对伴侣应该被看作战友，他们要携手去战胜这种原生家庭的影响，慢慢地在他们的亲密关系中塑造新的经验。

> **陈海贤金句**
> 原生家庭对人最大的影响，是塑造了我们在关系中，最原始的爱和怕。

> 超越原生家庭的过程,是关系的新经验代替旧经验的过程。

游戏规则的含义与实验后续

游戏规则的含义

在节目的最后,箱庭咨询师徐洁老师为我们解释了游戏规则的含义。

第一个规则就是在摆放的过程当中,双方是不交流的,因为不交流就会有更多的空间,可以观察自己,也可以观察别人。所以说尽管不允许交流,但交流是无时无刻不在的。

第二个规则是双方把玩具摆到一个沙箱里。为什么要放在同一个沙箱里呢?因为夫妻是生活在同一个屋檐下的,双方有很多共处的空间,而沙箱就象征着夫妻共同相处的那个场。

第三个规则是双方可以移动自己和别人摆放的玩具,这就象征着现实生活中,夫妻或恋人之间出现不同的意见甚至矛盾冲突的时候,会怎么处理。

还有一个非常重要的规则就是，我们拿出来的玩具放入沙箱之后，就不可以拿走了，这其实象征着在我们的现实生活中、在夫妻互动中，已经发生的事情是没有办法改变的。但是我们可以在某件事情发生之后，讨论、学习如何去应对它。我们可以去表达关心，可以表达理解，也可以表达道歉，还可以以此为契机去重新经营关系。这就是这个游戏规则的来源。

在关系中我们就像一面镜子，映照彼此，个人输赢不重要，双赢才重要。

实验后续

第一对夫妻开始了双人晨跑计划。

第二对情侣于 2019 年 3 月最终分手。

第三对夫妻于 2019 年 4 月底离开北京去拉萨开始新生活。

第四对夫妻有了计划之外的孩子。

结语

这几集节目让我想起一个音乐剧，叫《公主走进黑森林》。第一幕讲的就是我们每个人都知道的童话故事，比如灰姑娘嫁给了白马王子，长发公主被从城堡里救出来，等等。所以每一个人都有了一个幸福的结局。可是到第二幕的时候，忽然就不一样了，灰姑娘开始觉得生活无聊，白马王子也厌倦了她，长发公主在生了孩子以后变得非常暴虐，脾气变得很大，所以每个人就重新回到了他们故事发生的黑森林去寻找自己的故事。我们说过，亲密关系就像是一场冒险之旅，也许会有一些爱的甜蜜，有背叛的痛苦，有迟到的领悟，有意外的感动，有靠不近的挫折，等等之类，可是它唯一没有的，就是一个既定的剧本。它不是任何人的故事，而是你们俩的故事。是你们俩在每一次互动中，逐渐写就的你们自己的故事。它也是每个人自我成长的旅程，我们在亲密关系中学到付出、责任、忠诚；我们也必须要去面对自己内心的很多黑暗面——欲望、骄傲、愤怒。最终，我希望你能找到属于你的亲密关系，并通过这个亲密关系，把你自己变成一个更美好的人。

陈海贤

浙江大学心理学博士

知名心理咨询师

后记

幸福的各种样子

2021年一个初春的下午，我第一次和中国人民大学出版社的老师们见面，那时我正忙于纪实观察类节目《幸福实验室》的第二季立项。作为一个视频内容，我们的立项会涉及平台洽谈、招商筹备以及制作执行，但我没有想到这个心理学的节目会得到出版社老师们的关注和认可，这让我对第二季的立项多了一份额外的信心和执着。

《幸福实验室》在众多网络节目中并不算头部，甚至都谈不上主流，但在播出半年后依然会有人不断在网上发表观后感，这和常规节目播完即结束有很大不同，我们俗称有不错的"长尾效应"。节目围绕着爱情的观察展开，从初识到深爱不断地触碰和实验，这里探讨的内容都和人们的苦恼有关，我想走向幸福多是始于痛苦的，就算节目给不了解药但或许可以贡献药引子，这也是做节目的初衷。然而"互联网没有记忆"，任何内容都经不住大量信息更新，视频传播总会被海量信息冲刷到被人们遗忘。所以，当出版社找到我时，我突然意识到当视频内容转变成图书后，除了网络用户我们还能收获更多的读者，其中很多人可能从未看过节目，但不影响手捧纸张跟随着我们的心理学家、我们的实验被试一起踏上这条找寻幸福之路，这真是一件太令人欣喜的事了。因为有了图书,我们可以践行"互联网是有记忆的",大家可以再回头去寻找节目的踪迹,感受那一个个实验背后所有人为之投入的时间和心力。

出书计划就这样愉快地开始执行了……

而疫情反复,当我再次来到出版社,日历已经翻到了 10 月下旬,《幸福实验室》第二季的节目也于 10 月 15 日在优酷纪实频道上线开播。第二季节目更加聚焦于 95 后的年轻人,也把对亲密关系的探讨延展到了友情、家庭、职场、社交等更大的范畴,六期节目的主题分别是:

第一期　网络社交能找到你的"理想型"吗?
第二期　蓝颜红颜,是知己还是备胎?
第三期　有边界,才能更亲密?
第四期　圈子大了,朋友少了?
第五期　职场生存,是卷赢还是躺平?
第六期　网络立人设,立得住吗?

这些选题的来源是我们在网上大量搜索到的真正困扰年轻人的话题,在每期节目最后我们还引入了百人问卷调查,让这些真实的疑问得到更多真实的反馈。第二季获得了更多年轻人的探讨和关注,我也迫不及待地希望相应的图书出版能提上议事日程,让更多的观众、读者接受到这一份心意礼物。

与此同时，我还接到了另一个游戏开发机构的邀请，考虑把节目中的"箱庭实验"做成一款纸牌桌游，把一个需要走到专门的心理咨询机构才能接触到的咨询工具变成我们在约会、聚会时可以共同参与的游戏。这个事听起来特别梦幻，一想到游戏就充满了欢乐的氛围，而这趣味又是建立在专业的心理学实验模型之上的。理性与感性的结合让我们的《幸福实验室》又多了一种被看到的模样。

我想如果我们的《幸福实验室》是一份心意礼物，除了图书、游戏我们一样也可以延展出更多内容产品，这些带有着心理学模式和幸福基因的周边产品可以是纸本文具，可以是酒水茶饮，甚至可以是消费卡券；在网上冲浪看的是节目，但在日常生活中我们还能拥有更多带有温度的好物，是实实在在的物品。我希望能把《幸福实验室》变成一颗种子，和越来越多的合作伙伴携手，为它浇水施肥，让其生根发芽，最终结出幸福的果实，我们就能够看到各种各样幸福的样子，为更多的观众、读者、消费者提供更多幸福的可能性。

杨莱莱

《幸福实验室》第二季总监制、总策划